U0072120

化學有意思

火點不著的魔法衣

FUNNY CHEMISTRY EXPERIMENTS

培育
文化

益智館 07

化學有意思：火點不著的魔法衣

編　　著	蔡宇智
責任編輯	廖美秀
美術編輯	蕭佩玲
封面設計	蕭佩玲

出版者　培育文化事業有限公司

信箱　yungjiuh@ms.45.hinet.net

地址　新北市汐止區大同路三段一九四號九樓之一

電話　（02）8647-3663

傳真　（02）8674-3660

劃撥帳號　18669219

CVS代理　美璟文化有限公司

TEL／(02)27239968

FAX／(02)27239668

總經銷：永續圖書有限公司

永續圖書線上購物網
www.foreverbooks.com.tw

法律顧問　方圓法律事務所　涂成樞律師

出版日期　2015年6月

國家圖書館出版品預行編目資料

化學有意思：火點不著的魔法衣/蔡宇智 編著.
-- 初版.--新北市:培育文化,民104.06
面；公分. --(益智館；07)
ISBN 978-986-5862-58-9(平裝)
1.化學 2.通俗作品
340　　　　　　　　　　104006092

化學有意思
火點不著的魔法衣
Funny Chemistry experiments

Chapter 1
化學魔術

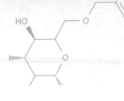
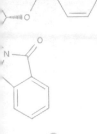

Chapter 2
化學元素

化學有意思
火點不著的魔法衣
Funny Chemistry experiments

Chapter 3
化學發明

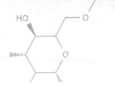

Chapter 4
化學與生活

化學 有意思
火點不著的 魔法衣
Funny Chemistry experiments

Chapter 5
奇怪的文具體育用品

Chapter 1

化學魔術

　　化學具有魔術般的魅力，不僅能為我們增添無限的樂趣，還能為我們練出各式各樣的「黃金」。比如：白紙生花、蠟燭自燃，在為你帶來愉悅享受的同時，還點出了運用的化學原理，讓你從中受益，可謂書中自有「黃金屋」。神祕的鬼火、一封密信，懸念的背後蘊含著亮如明鏡般的知識……

01.白紙顯畫

明明就是一張白紙，可在水裡泡上幾分鐘，竟然變成了一幅栩栩如生的鴛鴦嬉水圖。這其中的奧祕在哪裡呢？

小新的村子裡來了一位「大仙」，據說無所不知、無所不能。有一對年輕人打算結婚，但又很迷信，於是請來「大仙」為他們合生辰八字。這天，「大仙」被圍了個水泄不通，小新也好奇地湊到跟前。

「你們看，這是不是一張白紙？」

「大仙」舉起一張「白紙」請這對年輕人驗證。

年輕人仔細看了看：「嗯，的確是一張白紙。那我們的婚姻到底合不合呢？」

「大仙」笑著說道：「別著急，再驗證一下這盆清水，一會兒就見分曉。」

年輕姑娘用手指沾了點水嘗了嘗，默許後，「大仙」開始把那張白紙輕輕地浸到了水中。

「瞧，合與不合馬上要顯現出來了！」話剛落音，只

9

見那白紙上出現了一湖水，一對鴛鴦正在嬉水，湖邊放著各式各樣的鮮花。

「好了，你們真是天造地設的一對，放心結婚吧！」

小新迷惑了：明明是一張白紙啊，怎麼放在水裡就有圖案了呢？帶著這個問題，小新請教了老師，原來，那畫是用硼酸勾兌成墨水畫成的，墨汁乾了就看不見畫了，放到水裡就又會顯現出來。

····▶ **知識點睛**

硼酸的化學式：H_3BO_3或$B(OH)_3$

硼酸系無色、微帶珍珠光澤的透明片狀或呈細小晶粒，與皮膚接觸有滑膩感。無臭、味微酸後帶甜味。硼酸比重1.435，熔點185℃，露置空氣中無變化，加熱至107.5℃時失水而成偏硼酸，偏硼酸再熱至150℃～160℃時則又失水而成焦硼酸。

硼酸1克能在沸水4毫升、酒精18毫升、甘油4毫升中溶解。

硼酸的酸性很微弱，1：50的水溶液以石蕊試紙檢定，呈弱酸性反應。

眼界大開

　　硼酸屬於弱酸，而且有消毒防腐的作用，因此被NaOH溶液沾到皮膚上後要先用水沖洗，再塗上2%～5%的硼酸溶液。塗硼酸的目的，一是為治療強鹼溶液對皮膚的燒蝕；二是中和皮膚殘餘鹼性物質，防止水蒸發後強鹼進一步燒蝕皮膚。

02.能防火的「水」

魔術大師將一塊燒剩下的普通棉布浸在一盆水中，然後取出晾乾，再用火柴點燃，但奇怪的是棉布不但點不著，而且還冒出白色的煙霧，這是什麼道理呢？

一位魔術大師在表演完燒手絹的魔術後，又表演了一個節目：

隨著音樂的響起，魔術大師便跟著節奏動了起來，只見他拿出一塊普通的棉布用火柴一點，頓時棉布便燃燒起來，燒到一半時，魔術大師跳著舞步把火踩滅，然後把燒剩下的那塊棉布浸在一盆水裡，片刻之後取出。

在晾乾的過程中，魔術大師邁著貓步在臺上走來走去，還時不時地向棉布上吹上兩口「仙氣」。一會兒棉布晾乾了，魔術大師讓坐在前排的觀眾看看棉布，並做一下證明：棉布是否乾了。

「沒錯，乾了。」前排的人證實後，魔術大師才掏出火柴點燃棉布。

但奇怪的是，這次棉布不但點不著，還冒出白色的煙

霧。觀眾都納悶了，剛才還能點著，怎麼放在水裡然後晾乾就點不著了呢？

燒手絹時，手絹燒不壞可能因為手絹是濕的，而現在可是乾的啊，難道是那盆水有問題？

不錯，其實那不是水，而是氯化銨溶液，棉布被氯化銨溶液浸泡後便變成防火布了，晾乾後，這種經過處理的棉布(防火布)的表面附滿了氯化銨的晶體顆粒。

氯化銨這種化學物質，它有個怪脾氣，就是特別怕熱，一遇熱就會發生化學變化，生成的物質是兩種氣體，它們會把棉布與空氣隔絕起來，棉布在沒有氧氣的條件下當然就不能燃燒了。

當這兩種氣體保護棉布不被火燒的同時，它們又在空氣中相遇，重新化合而成氯化銨小晶體，這些小晶體分佈在空氣中，就像白煙一樣。

實際上，氯化銨這種化學物質是很好的防火能手，戲院裡的舞臺佈景、艦艇上的木料等，都經常用氯化銨處理，以求達到防火的目的。

●●●●▶ 知識點睛

氯化銨溶液中的水分蒸發完以後會變成氯化銨晶體顆

粒，氯化銨受熱分解生成氨氣和氯化氫氣體，這是兩種都不能燃燒的氣體。化學反應方程式如下：

$$NH_4Cl \triangleq NH_3 \uparrow + HCl \uparrow$$

$$NH_3 + HCl = NH_4Cl$$

⋯▶ 眼界大開

氯化銨為無色立方晶體或白色結晶。味鹹而微苦。加熱至350℃昇華。加熱至100℃時開始顯著地揮發，337.8℃時離解為氨和氯化氫，遇冷後又重新化合成顆粒極小的氯化銨而呈白色濃霧，不易下沉，也極不易再溶解於水。吸濕性小，但在潮濕陰雨天氣也能吸潮結塊。水溶液呈弱酸性，加熱時酸性增強。對黑色金屬和其他金屬有腐蝕性，特別對銅腐蝕更大，對生鐵無腐蝕作用。

氯化銨主要用於選礦和鞣革、農用肥料。用作染色助劑、電鍍浴添加劑、金屬焊接助溶劑。也用於鍍錫和鍍鋅、醫藥、制蠟燭、黏合劑、滲鉻、精密鑄造和製造乾電池和蓄電池及其他銨鹽。氯化銨應儲存在陰涼、通風、乾燥的庫房內，注意防潮。避免與酸類、鹼類物質共儲混運。運輸過程中要防雨淋和烈日曝曬。裝卸時要小心輕放，防止包裝破損。失火時，可用水、沙土、二氧化碳滅火器撲救。

03.將軍的魔法衣

我們都知道：衣服扔到火裡就會點燃，但有種衣服放到火裡竟然燒不著，這是什麼「魔衣」呢？相傳西元2世紀時，我國一位大將軍得到了一件燒不壞的「魔衣」。有一次，他大宴賓客。宴會上，為了炫耀他的衣服，他命令侍女端來一盆烈火熊熊的木炭，隨手把「魔衣」扔到了火裡。

「將軍，你……你怎麼這樣？這不是太可惜了嗎？」

「將軍，你這是開玩笑，還是玩魔術？」賓客們大為驚訝，議論紛紛。

「沒什麼，我這是用火來燒魔衣呢。」將軍談笑自如。

赴宴的人更加目瞪口呆：世界上哪有用火來洗衣服的呢？一會兒，侍女從烈火中取出「魔衣」來，不但衣服上的污點沒有了，而且看上去「魔衣」更新、更乾淨！參加酒宴的人都被驚得目瞪口呆，有的說是寶貝，有的說是不祥之物，有的卻不以為然，但燒不壞的真正原因在哪裡呢？當時大家誰都不知道。其實，衣服燒不壞的原因是它

的材質與普通衣服不同，它是用石棉做的。

▶ 知識點睛

石棉的化學式：$CaO.3MgO.4SiO$

它的組成都是耐高溫的，所以該材料也是耐高溫的。其實石棉是無機高分子，其化學結構很複雜，能耐3000℃高溫。

▶ 眼界大開

石棉是一種被廣泛應用於建材防火板的矽酸鹽類礦物纖維，也是唯一的天然礦物纖維。它具有良好的抗拉強度和良好的隔熱性與防腐蝕性，不易燃燒，故被廣泛應用。

石棉的種類很多，以溫石棉含量最為豐富，用途最廣。石棉本身並無毒害，它的最大危害來自於它的纖維。這是一種非常細小、肉眼幾乎看不見的纖維，當這些細小的纖維被吸入人體內，就會附著並沉積在肺部，造成肺部疾病，如：石棉肺、胸膜和腹膜的皮間瘤。這些肺部疾病往往會有很長的潛伏期(肺癌一般15～20年、間皮瘤20～40年)，嚴重時引起肺癌，石棉已被國際癌症研究中心肯定為致癌物。

04.能燃燒的糖果

我們都吃過糖果，對糖果都很熟悉，但對糖果能燃燒可能就不熟悉了，但有人卻能將糖果點燃，這裡面的玄機究竟在哪裡呢？

小飛出生在一個貧窮的小山村，貧窮讓村裡人變得愚昧迷信。有一年，村子裡鬧旱災，應村裡老頭、老太太們的委託，村裡一位自稱是龍王附體的中年婦女和村民們一起前去山裡求雨。剛好是週末，小飛也跟著湊熱鬧去了。

只見中年婦女身穿道袍，手拿「魔杖」，嘴裡念叨著一連串聽不懂的祈禱語。

突然，中年婦女從供臺上拿了一塊糖，讓跪在前面的一個老頭剝開，然後點著，老頭左點右點，那糖果就是燒不起來。中年婦女對他說：「老人家，求雨要有百分百的誠意，心不誠則不靈。」於是中年婦女又讓自己的徒弟試一試，只見他的小徒弟一手提著香煙，取出一根火柴，只輕輕一擦，然後往上一點，那糖果「哧」地冒出了火花。

中年婦女大呼：「通往天庭的聖火，你快快將此稟報

龍王，早日降雨於眾生靈。」

　　跪拜的人都跟著中年婦女一起呼喊起來。殊不知，這裡面藏著見不得人的手腳——徒弟右手即擦火柴又捏著香煙，只是輕輕一抖便把煙灰抖到糖果上，而煙灰裡含有金屬鋰。

知識點睛

　　鋰在其中起的是催化作用，化學上叫做催化劑，工業上叫做接觸劑或觸媒。催化劑在化學反應前後，本身的品質和化學性質都不改變，然而它能改變(加快或減慢)反應的速度。

眼界大開

　　鋰，是最輕的鹼金屬元素。元素名來源於希臘文，原意是「石頭」，1817年由瑞典科學家阿弗韋聰在分析透鋰長石礦時發現。自然界中主要的鋰礦物為鋰輝石、鋰雲母、透鋰長石和磷鋁石等。在人和動物身體、土壤和礦泉水、可哥粉、煙葉、海藻中都能找到鋰。天然鋰有兩種同位素：鋰6和鋰7。

　　金屬鋰為一種銀白色的輕金屬；熔點為180.54℃，沸

點1342℃，密度0.534g/cm³，硬度0.6。金屬鋰可溶於液氨。

鋰與其他鹼金屬不同，在室溫下與水反應比較慢，但能與氮氣反應生成黑色的一氮化三鋰晶體。鋰的弱酸鹽都難溶於水。在鹼金屬氯化物中，只有氯化鋰易溶於有機溶劑。鋰的揮發性鹽的火焰呈深紅色，可用此來鑒定鋰。

鋰很容易與氧、氮、硫等化合，在冶金工業中可用做去氧劑。鋰也可以做鉛基合金和鈹、鎂、鋁等輕質合金的成分。鋰在原子能工業中有重要用途。

05.指燭自燃

我們知道「點石成金」是神話，但這裡「指燭自燃」則是事實，做實驗卻發現指燭不能自燃，這是什麼道理呢？

今天吳松村子裡是廟會，賣衣服的、賣食物的、賣豬賣狗的都蜂擁而來，其中還有一個賣藝的。吳松跟爸爸要了20塊錢就買票去看賣藝的表演去了。

只見場地中間擺放了一張桌子，桌子上一支蠟燭在燃燒著。賣藝的小夥子輕輕地走到桌前，一口氣把燃燒的蠟燭吹滅後，立即伸出一隻手，用手指輕輕地一彈，嘿，奇蹟出現了，原來只有嫋嫋煙霧的蠟燭又「啪」的一聲燃了起來……

如果把那蠟燭再次吹滅的話，賣藝的小夥子只要一伸手，那蠟燭還會立即自燃。

這讓吳松驚歎不已，一回到家裡，吳松就把爸爸叫到跟前，學著賣藝人的樣子為爸爸表演起來。可不管怎麼指，蠟燭就是不燃燒，吳松有點失落。爸爸見狀，忙笑著

對他說：「其實，讓熄滅的蠟燭重新自燃的祕密是指甲裡暗暗地塞了一些硫黃粉，硫黃粉稍遇到熱就會立即燃燒，所以蠟燭就能夠重新點著了。你這指甲裡什麼都沒有，當然點不著了。」

吳松聽了恍然大悟，原來並沒有如此神奇的人，所有的一切都是利用了科學。

▶ 知識點睛

硫黃或硫黃粉均呈黃色和淡黃色，無毒，易溶於二硫化碳，不溶於水，略溶於酒精和醚類，導熱性和導電性很差，一旦遇到或接觸熱體表面就可能引起燃燒或爆炸。

中國醫學典籍《本草綱目》中記載：凡用硫黃，入丸散用須以蘿蔔剜空，入硫在內，合定，稻糠火煨熟，去其臭氣；以紫背浮萍同煮過，消其火毒；以皂莢湯淘之，去其黑漿。

另一法：打碎以絹袋盛，用無灰酒煮三伏時用。又消石能化硫為水，以竹筒盛硫埋馬糞中一月，亦成水，名硫黃液。

硫燃燒的化學方程式：$S + O_2 \xrightarrow{點燃} SO_2$

••••▶ 眼界大開

　　硫黃是無機農藥中的一個重要品種。商品為黃色固體或粉末，有明顯氣味，能揮發。

　　硫黃水懸液呈微酸性，不溶於水，與鹼反應生成多硫化物。硫黃燃燒時發出青色火焰，伴隨燃燒產生二氧化硫氣體。用於防治病蟲害時常把硫黃加工成膠懸劑。它對人、畜安全，不易使作物產生藥害。

　　硫黃(硫黃粉)也是輕工業、重工業和國防軍工生產的重要原料，用於製造酸、染料、橡膠製品、火柴、炸藥等，還用於醫藥、農業、製糖等工業。

06.「巫師」的伎倆

只有有生命的物質才可能有血液，但我們身邊通常可見的玩具布娃娃竟然被絜出「血」來了，這是怎麼回事呢？

小明的爺爺生病了，奶奶從鄉下請來一個「巫師」，為爺爺看病。只見「巫師」繞著爺爺走了兩圈，便對奶奶說：「這位老人被一個女鬼纏身，所以才得病。我明天拿上寶劍來降妖除魔。」

第二天晚上，「巫師」來了，她讓奶奶擺了一張桌子，然後「巫師」將一把寒光閃閃的「寶劍」和一碗「聖水」放在桌子上。桌子旁放一個布娃娃，布娃娃的「衣服」糊的是一層黃箔紙。一切就緒後，「巫師」在口中念念有詞，而後拿起「寶劍」，往「聖水」裡浸一下，立即奮力向女鬼的化身──布娃娃刺去，再用力拔出劍來，果然，「寶劍」和黃箔紙上立即出現了「血跡」。「巫師」忙完後對奶奶說：「女鬼已經被我降服。」奶奶舒了一口氣，忙點頭稱謝。

其實，「巫師」的劍根本不是什麼「寶劍」，那「仙水」只不過是普普通通的純鹼溶液。草人穿的黃箔紙是用天然染料染過，這種染料是從薑黃中提取出來的。劍上沾有純鹼溶液，碰到薑黃這種物質就會發生化學反應，使黃色立即變成了紅褐色，看上去就像血一樣。

····▶ 知識點睛

化學上，把像薑黃這類能夠以本身顏色的變化來指示某些物質量的酸鹼性的，叫指示劑，常見的有石蕊指示劑、酚指示劑等。

····▶ 眼界大開

薑黃是一種薑科植物，在中國及印度文化中被廣泛應用，尤其是中國人用來養命、養性和治病，以及用在印度的飲食(咖哩)與傳統醫學。其活性成分薑黃素使薑黃呈現黃色。在中國及印度的醫療史記載，人類長久使用不會發生任何副作用，近代科學研究也證實了薑黃素不但安全，而且還具有多項促進健康的效果。

07.跟蹤狂鬼火

蒲松齡在《聊齋》裡經常提到「鬼火」，而我們聽老人家講故事的時候，他們也經常說到他們小時候在夏天的夜晚，有時會在荒野上看到「鬼火」。那麼「鬼火」究竟是怎麼回事呢？

夏天的夜晚，在墓地常會出現一種青綠色火焰，一閃一閃，忽隱忽現，十分詭異。很多人遇到這些都會毛骨悚然，趕緊逃跑。誰知，那火還會跟著人，你跑它也跑，古人認為是鬼魂在作祟，就把這種神祕的火焰叫做「鬼火」。

古時候，有個叫李德的人，有一次和朋友聚會，因貪杯而醉倒在朋友家中，晚上大約十點多鐘，李德迷迷糊糊辭別朋友回家。

經過一片墳墓時，李德突然發現一撮綠油油的火焰跟著自己，這時，李德醉意全無，嚇得一口氣跑回家中。從此以後，李德一病不起。

「鬼火」究竟是怎麼回事呢？

其實，這不是什麼「鬼火」，而是磷在作怪。

原來，人類與動物身體中有很多磷，死後屍體腐爛生成一種叫磷化氫的氣體，這種氣體冒出地面，遇到空氣後會自我燃燒起來，但這種火非常小，發出的是一種青綠色的冷光，只有火焰，沒有熱量。

其實，不管白天還是黑夜，都有磷化氫冒出，只不過白天日光很強，看不見「鬼火」罷了。為什麼夏天的夜晚在墓地常看到「鬼火」，而「鬼火」還會「走動」呢？

夏天的溫度高，易達到磷化氫氣體著火點而出現「鬼火」，又由於燃燒的磷化氫會隨風飄動，所以，所見的「鬼火」也會跟人走動。

這就是曠野上的「鬼火」。

••••▶ 知識點睛

磷化氫是無色氣體，分子式是H_3P。

純淨時幾乎無味，但工業品有腐魚樣臭味。

分子量34。相對密度1.17。

熔點-133℃。

沸點-87.7℃。

自燃點100～150℃。

蒸氣壓20atm(-3℃)。

與空氣混合物爆炸下限1.79%(26g/m3)。

微溶於水(20℃時，能溶解0.26體積磷化氫)。

空氣中含痕量P_2H_4可自燃；達到一定濃度時可發生爆炸。能與氧氣、鹵素發生劇烈化合反應。通過灼熱金屬塊生成磷化物，放出氫氣。還能與銅、銀、金及其鹽類發生反應。

▶ 眼界大開

磷，是德國漢堡的煉金家勃蘭德在1669年發現的。按照希臘文的原意，磷就是「鬼火」的意思。

08.綠色的天空

有一首歌是這樣唱的：「藍藍的天上，白雲朵朵。」藍天白雲一直是我們大腦裡的印象，但有一幅畫卻把天空「畫」成了綠色，是我們見識太少，還是畫家別出心裁？

偉偉的爸爸去外地出差，剛好碰到當地的一個拍賣會，偉偉的爸爸是一個古畫愛好者，於是花高價買了兩幅古畫。

拿回家裡，偉偉和爸爸一起欣賞時發現，這兩幅古畫的畫面上，天空都被染成了綠色。

天空怎麼會是綠色的呢？難道那時候天空真的是這種顏色嗎？可是，從文學作品的描繪中可以看出，那時的天空也是蔚藍色的，像大海一樣的顏色呀！那麼，是當時畫家的一種時尚嗎？偉偉和爸爸都百思不得其解。

這時候，偉偉想起了鄰居家學畫畫的大哥哥，就飛也似的跑出去詢問，但他支吾半天也沒有說出個所以然來。後來，還是偉偉的化學老師解出了這道難題：當時，畫家們繪畫所使用的藍色顏料，是一種叫「銅藍」的礦石，可

是時間長了，它發生了化學反應，就變成綠色的了。

偉偉聽了老師的講解，連忙回家找爸爸，迫不及待地告訴爸爸「綠色」天空的奧妙。

●●●●▶ 知識點睛

「銅藍」礦石的化學成分是硫化銅，化學式為CuS，含銅量為66.48%。硫化銅可以和空氣中的水、氧氣發生化學反應，生成淺綠色的碳酸銅。

●●●●▶ 眼界大開

銅藍是銅礦石礦物，因呈靛藍色而得名，為煉銅的主要礦物原料。晶體為六方晶系，呈六方片狀。金屬光澤或光澤暗淡，摩斯硬度1.5～2，比重4.67。主要產於含銅硫化物礦床次生富集帶中。常與輝銅礦伴生，組成含銅很富的礦石。代表性產地為俄羅斯烏拉爾的勃利亞文。有熱液作用形成的銅藍是極其稀少的，美國蒙大拿州的比尤特、南斯拉夫的博爾等銅礦床中也有產出。

09.生氣的啤酒

在炎熱的夏天，人們經常喝啤酒解渴，打開啤酒瓶蓋時經常看到啤酒向外噴沫，有時還像噴泉一樣噴出來，這是為什麼呢？

林檬家裡來客人了，爸爸忙前忙後。吃午飯時，爸爸讓林檬去買兩瓶啤酒。林檬極不情願地去了，一路上邊走邊晃，好像在發洩怨氣。

爸爸接過林檬買回的啤酒，就打開了，誰知「啪」的一聲，啤酒像噴泉一樣湧了出來。林檬看了樂壞了，怨氣頓時全消，但同時，一個疑惑湧上心頭：啤酒為什麼會噴出來呢？是不是我擺晃得太厲害了？

其實，啤酒噴沫有兩個原因，一是二氧化碳在作怪，二是與麥芽有關。

····▶ **知**識點睛

一般來說每升啤酒中都含有5克左右的二氧化碳。在

製造啤酒時，透過一定壓力把它灌進瓶裡。因此，每瓶啤酒裡都溶解了一定的二氧化碳，而瓶裡是有一定空隙的，打開時，只要輕輕搖晃，氣體就從啤酒液裡形成泡沫溢出來。

　　最近，國外的一些專家經過近十年觀察研究發現，啤酒的泡沫與麥芽有一定的關係。釀造啤酒的重要原料是大麥芽，而大麥在成長、收割、儲藏期間一般是多雨的季節，大麥一旦受潮，極容易受到各種微生物的污染，使幾十種黴菌得以繁殖，用它來釀造啤酒便產生了一些泡沫。當然，這些黴菌對人體沒有什麼危害，有的還是有益的。

▶眼界大開

　　啤酒是目前世界上十分流行的飲品之一，現在全世界啤酒年總產量已超過1億噸，並且還在持續增長。啤酒具有很高的營養價值，含有17種人體所需的氨基酸和12種維生素。啤酒像葡萄酒一樣，是一種原汁酒，它不但含有原料穀物中的營養成分，而且經過糖化、發酵，營養價值還有所增加。據估算，1升普通的啤酒(含3.3%的酒精)能產生大約425大卡的熱量，相當於5～6個雞蛋、500克瘦肉、250克麵包或800毫升牛奶所產生的熱量，因此，啤酒又有「液體麵包」的美稱。其主要生產原料是大麥。

啤酒還可以根據酒液中麥芽汁的濃度分低濃度啤酒、中濃度啤酒、高濃度啤酒3種。低濃度啤酒中麥芽汁濃度一般為7～8度，酒精含量在2%(重量計)左右，適合於做夏天的清涼飲料；高濃度啤酒麥芽汁濃度達14～20度，酒精含量為4.9%～5.6%。這兩種啤酒生產量較小。目前國際上受消費者歡迎的是中濃度啤酒，一般原麥芽汁濃度為11～12度，酒精含量為3.1%～3.8%左右。

啤酒的成分還有水、酒花、酵母、糖、澄清劑等。啤酒的成分十分複雜，主要是水，在酒精含量為4%的啤酒中，水占90%左右。

10.金光閃閃的鐵棒

在我們身邊，經常看見鐵制物品，如鐵鍋、鐵軌，等等。我們眼中的鐵幾乎都是「黑色」的，而下面這位「大師」手中的鐵怎麼變成了金色的呢？

于成的表哥是化學系的學生，他經常變一些「魔術」給于成他們看，於是于成及于成的朋友都稱表哥為「大師」。

今年暑假，表哥又來了，于成和小朋友都纏著表哥變「魔術」。表哥似乎有所準備，從背包裡拿出來一小瓶水，然後找了一根幾釐米長的鐵條，笑眯眯地走到他們中間，「你們看看，這是不是普普通通的鐵條？」于成接過來看了看：「沒錯，是鐵。」別的小朋友也拿過去瞧了瞧：「嗯，沒問題。」「那麼，現在我就把這塊鐵條變成金條。」

說完，表哥把鐵條放進了那瓶水裡，擺來擺去，最後把鐵條從水中取出。于成他們看了，情不自禁地鼓起掌來：鐵條變成金條了——金光閃閃，耀眼奪目。小朋友都

向于成投去羨慕的目光，于成的表哥真神奇！

　　表哥看著于成他們，揭開了謎底：「其實，這水不是普通的水，裡面放了膽礬。」

知識點睛

　　膽礬的化學名稱是硫酸銅($CuSO_4$)，溶水成硫酸銅溶液，與鐵發生置換反應，生成的銅附著在鐵條的表面。

　　化學反應式為$Fe+CuSO_4=Cu+FeSO_4$

眼界大開

　　無水硫酸銅是一種白色固體，相對密度為3.603，25℃時水中溶解度為23.05g，不溶於乙醇和乙醚，易溶於水，水溶液呈藍色，是強酸弱鹼鹽，水解溶液呈弱酸性。將硫酸銅溶液濃縮結晶，可得到五水硫酸銅藍色晶體，俗稱膽礬、銅礬或藍礬，化學式是$CuSO_4.5H_2O$。膽礬在常溫常壓下很穩定，不潮解，在乾燥空氣中會逐漸風化，加熱至45℃時失去二分子結晶水，110℃時失去四分子結晶水，150℃時失去全部結晶水而成無水物。無水物也易吸水轉變為膽礬，專家們常利用這一特性來檢驗某些液態有機物中是否含有微量水分。將膽礬加熱至650℃高溫，可

分解為黑色氧化銅、二氧化硫及氧氣。

　　硫酸銅有毒，它在農業上可用作殺菌劑。一種叫做波爾多液的農藥就是用膽礬和石灰配製的，它是一種天藍色的黏性的液體。波爾多液的殺菌效率比單用硫酸銅高，而對作物的藥害較小。在工業上，精煉銅、鍍銅以及製造各種銅的化合物時，都要用到硫酸銅。

11.茶變墨

在日常生活中，我們經常喝茶，有龍井、玉觀音、菊花……等等，有各式各樣的茶水顏色，但沒有一種茶水是黑色的。但下面這杯茶水卻變成了黑色，難道連茶水也黑心了嗎？

魔術大師在表演「茶水變墨水」這個節目時，是這樣操作的：

他先拿出兩杯茶葉水，在觀眾面前晃來晃去，讓觀眾仔細地看了看。為了展示他的偉大「魔力」，他經常還會隨便叫上一位觀眾，讓他們仔細品嘗一下，確認是茶水。而後又開始隨著音樂蹑來蹑去，似乎在採集天地之靈氣。當把觀眾的胃口吊到極致以後，魔術大師便開始操作了。只見他對著這杯茶水吹上兩口「仙氣」，又對著那杯茶水吹上兩口「仙氣」，而後把兩杯茶水放在一起，搖一搖，一會兒，杯裡的水變成了黑色……頓時台下一片掌聲。

「真奇妙，真奇妙，想不到，幾分鐘內，一杯茶葉水變成了一杯墨水。」有的觀眾嘖嘖稱道。

其實，這並不奇怪，魔術大師並非有真正的魔力，而是他在水裡動了「手腳」，將其中的一杯放了綠礬。

知識點睛

茶水裡含有單寧酸，與綠礬能發生化學反應，生成一種叫單寧酸鐵的藍黑色物質。

眼界大開

綠礬又稱鐵礬，分子式為：$FeSO_4.7H_2O$，淺藍綠色單斜晶體或者結晶體顆粒，無臭，具有還原性的酸性鹽。工業上用作製造磁性氧化鐵、氧化鐵紅及鐵藍顏料、聚合硫酸鐵等的原料。水處理工業上用作澄清濁水的混凝劑，用以處理含鉻廢水及含鎘廢水。化學合成上用作還原劑及催化劑。醫藥工業中用作補血劑及局部收斂劑。印染工業中用作靛藍染色時的還原劑。還用作木材防腐劑、飼料添加劑、除草劑及防治植物綠色素缺乏症的藥物。食品級硫酸亞鐵可用作鐵質營養增補劑及果蔬發色劑，並用以保持醃製品的新鮮顏色。

12.火焰寫字

我們知道，紙放在火上就能被燒著，而現在紙不但沒著火，反而出現了一排醒目的字，這又是什麼緣故呢？

一週一次的實驗課到了，趙燦最喜歡上這節課，因為老師總是有新花樣，就像變魔術。今天老師又會做些什麼呢？

趙燦正在沉思的時候，老師就走了進來。他先拿出一張準備好的紙，然後對同學們說：「今天，我做的這個實驗就是用酒精燈在這紙上寫字。」說完抖了抖，同學們看見了一張潔白的紙。

隨後老師點燃了酒精燈，把紙往酒精燈的火焰上輕輕地烘烤，緩緩地拖動，讓酒精燈藍色的火舌「寫字」。

一會兒，那潔白的紙上漸漸出現了一排黑色的「現在開始上課」的字樣，而且越來越清晰。

緊接著老師解釋道：「其實這些字是事前寫好的，只不過用的不是墨水，而是一種名叫稀硫酸的物質。那麼，今天我們所做的實驗都與稀硫酸有關，做完實驗後，同學

們課後都總結一下，寫一個實驗報告交上來。」

知識點睛

　　濃硫酸是無色油狀液體，高沸點，難揮發的強酸，易溶於水，能以任意比例與水混溶。

　　濃硫酸溶解時放出大量的熱。濃硫酸具有脫水性，物質被濃硫酸脫水的過程是化學變化的過程，反應時，濃硫酸按水分子中氫氧原子數的比(2：1)奪取被脫水物中的氫原子和氧原子。

　　可被濃硫酸脫水的物質一般為含氫、氧元素的有機物，其中蔗糖、木屑、紙屑和棉花等物質中的有機物，被脫水後生成了黑色的炭(碳化)。

眼界大開

　　濃硫酸具有吸水性和強氧化性。

　　濃硫酸的吸水作用，指的是濃硫酸分子跟水分子強烈結合，生成一系列穩定的水合物，並放出大量的熱，故濃硫酸吸水的過程是化學變化的過程，吸水性是濃硫酸的化學性質。濃硫酸不僅能吸收一般的游離態水(如空氣中的水)，而且還能吸收某些結晶水合物(如$CuSO_4.5H_2O$、

$Na_2CO_3.10H_2O$)中的水。

　　濃硫酸的強氧化性，是指常溫下，濃硫酸能使鐵、鋁等金屬鈍化；加熱時，濃硫酸可以與除金、鉑之外的所有金屬反應，生成高價金屬硫酸鹽，本身一般被還原成SO_2；熱的濃硫酸可將碳、硫、磷等非金屬單質氧化到其高價態的氧化物或含氧酸，本身被還原為SO_2。在這類反應中，濃硫酸只表現出氧化性。

13.守財奴被騙了

　　有人企圖把石頭變成金子，所以四處拜師以求學到「點石成金」之術，結果一無所獲；而有人卻想將銀子變成金子，結果又會怎樣呢？

　　北宋年間，山東有個張員外，家中有許多銀子，但他卻吝嗇至極，人送綽號「守財奴」。

　　一日，張員外府上來了個道士，自稱曾拜異人為師，學得「點銀成金」之術，因張員外祖上積善有德，命中註定要發財，故特來獻寶。

　　只見道士從袖中取出一塊銀子，將其投入一盆焰火正熾的炭盆。幾個時辰過去後，道士扒開灰爐，從中拿出一塊黃澄澄的金子。張員外見了大喜，將家中的銀子悉數交給道士，請他煉製黃金。

　　第二天，張員外一早去叩道士的門，企圖拿到更多的黃金，不料道士卻將銀子全部拿走，員外一氣之下身亡。原來，這是道士利用汞玩的把戲。

　　汞是常溫下唯一呈液態的金屬，也是金屬的中文名稱

中唯一沒有「金」字偏旁的。

　　汞極易與金屬結合成合金——汞齊(「齊」是古代對合金的稱號)，因此被譽為「金屬的溶劑」。那位道士便是利用金溶解於汞中形成的金汞齊來冒充白銀，汞在炭盆中受熱蒸發後，留下來的便是黃澄澄的金子了。

▶ 知識點睛

　　汞，俗稱水銀，化學符號是Hg，原子序數是80。它是一種很重、銀白色的液態過渡金屬。因這特性，水銀被用於製作溫度計。汞很容易與幾乎所有的普通金屬形成合金，包括金和銀，但不包括鐵。

　　這些合金統稱汞合金(或汞齊)。

▶ 眼界大開

　　我國是最早使用汞和汞的化合物的國家之一。據記載，秦始皇的墓中灌入了大量的水銀，作為「百川江河」的象徵。

　　汞齊在各行各業有著廣泛的應用。古建築上的鎏金玻璃瓦和古寺廟中的「金身」菩薩，就是利用金汞齊「鍍」的。銀、錫和水銀組成的銀錫汞齊能很快變硬，古代人們

常用它來補牙。鈉、鋅和水銀生成的鈉汞齊、鋅汞齊是常用的還原劑。

　　當然，儘管人們稱汞為「金屬的溶劑」，但凡事都是相對而言的，我們常見的鐵就不溶於水銀，因此可以用鋼罐來做盛水銀的容器。

14.古畫復活

衣服穿久了就會變舊，不能返新；文具用久了也會變舊不能返新；車子騎得久了也會變舊、變壞……我們印象中的一切都會變舊，都不能把它變成新的，但有一些灰暗的古畫，卻能煥然一新，「復活」起來，這是怎麼回事呢？

樂樂的爸爸有一個姓王的同學，是一個大畫家，也是個古畫迷。週六一早，樂樂就跟著爸爸去拜訪這位王叔叔。一進門，就看見王叔叔在擺弄一些古畫。

「叔叔，你在幹什麼？」樂樂好奇地問道。

「我在讓古畫復活呀。」叔叔笑著說。

樂樂聽了迷惑極了，瞧了瞧爸爸，可爸爸沒作聲，示意樂樂繼續看。只見王叔叔親手從箱子裡拿出了一幅灰暗的、髒兮兮的古畫，展開來，在樂樂面前移動，讓樂樂看清楚這的確是一幅毫無生機的古畫。這時，王叔叔似乎有意和樂樂開玩笑，他對著一瓶「仙水」深深地吸了一口氣，拿出刷子蘸了蘸瓶裡的「仙水」掃在畫上……

　　一段時間以後，那幅灰暗的古畫果然「復活」了，變得光澤鮮豔、耀眼奪目。樂樂看得目瞪口呆。後來，王叔叔讓樂樂從他的畫箱裡隨意挑選一張古畫，只要蘸一下瓶裡的「仙水」，都會「復活」。

　　「真神奇，這是怎麼回事啊？」樂樂問王叔叔。

　　「其實，那些古畫是古代人用鉛顏料繪製的，隨著時間的推移，畫色就變得模糊不清、黯然失色。但是，只要用過氧化氫稍稍擦洗一番，鉛顏料就能恢復原有的色澤。」樂樂聽了恍然大悟。

知識點睛

　　畫家在繪畫時，使用的顏料叫做鉛白，它的學名叫做鹼性碳酸鉛〔$2PbCO_3.Pb(OH)_2$〕，這種白色顏料易與空氣中的硫化氫(H_2S)發生化學反應：

　　$2PbCO_3.Pb(OH)_2+2H_2S = 3PbS\downarrow +4H_2O+2CO_2\uparrow$

　　反應後生成了黑色的PbS，日子越久，生成的PbS越多，白顏色也就慢慢地變得黝黑了。

　　要使壁畫恢復原來的面目並不難，只需噴一些過氧化氫即可。過氧化氫與硫化鉛的反應是：

　　$PbS+4H_2O_2 = PbSO_4\downarrow +4H_2O$

硫酸鉛是白色固體。

鉛白的化學成分是碳酸鉛，做成油畫色覆蓋力較好。鉛白粉常被用來作打底材料。鉛白非常穩定，若成分不純則久後會發黃、鉛白油畫色乾得快，乾後色層結實。但鉛白有很強的毒性，即使吸入含有鉛白的粉塵也會產生嚴重後果，所以鉛白的研磨會給人帶來危險。生產的白油畫顏料多為鋅白、鈦白或鋅鈦白。

鋅白的化學成分是氧化鋅，又叫鋅氧粉。鋅白粉稍輕於鉛白粉，比鉛白色白，經久不變黃、穩定，乾後色層較堅固。但吃油多，覆蓋力沒有鉛白強，乾得較慢，易脆易裂。歐洲畫家自1840年才開始使用鋅白顏料。

鋅白受熱(陽光下直曬)會變成檸檬黃，冷卻時則又會恢復白色。鋅白沒有毒性，比鉛白顯得冷些，有藍色傾向。鈦白的化學成分是氧化鈦，是惰性顏料，不受氣候條件影響，有很強的覆蓋力，是近代生產出的顏料。純鈦白顏色乾得快，乾後容易變黃，所以經常和鋅白混合使用。鈦白和鋅一樣有無毒的優點。鋅鈦白是目前用量較大的白顏料。

15.一封密信

抗日戰爭時期，為了獲取情報，共產黨派員潛入敵軍內部。當時情況複雜，叛變投敵的人較多，為了把消息安全地傳遞出去，潛入的地下黨寫了一封「空白」的密信，正是這封「空白信」挽救了無數人的命，你知道這是怎麼回事嗎？

有一部描寫抗日戰爭時期的影片，裡面有一個地下黨傳遞消息的祕密：

為了獲取敵軍情報，共產黨員派xx遣入敵軍內部，透過各種管道打探敵軍情況，並把得來的消息透過接線人傳遞出去。當時，由於情況複雜，叛變的人很多，所以這些消息必須嚴格保密，除了最終負責人知道外，中間絕不能讓第三人知曉，這就給情報的傳遞帶來了困難。xx冥思苦想了幾晝夜後，終於想到了一個萬無一失的妙計。這時xx得知接線人叛變的消息，心急如焚，手頭有重大的消息，如何傳出去？最後，xx決定寫一些無關緊要的書信並夾著一張白紙，繼續透過接線人傳出去。接線人以為xx不知自

己叛變的消息，在檢查了xx的書信後，為了不引起上級的懷疑，就像以前一樣把消息傳到了負責人手裡。

　　負責人看了xx的書信後，覺得不對勁：以前都是傳遞重要情報，這次怎麼盡是一些閒談？難道重要情報在這張白紙上？負責人仔細看了看，看不到任何字，又拿到煤油燈下瞧瞧，還是沒有。突然，手一抖，白紙差點被燒著。突然，負責人眼前一亮，原來，經燈一烤，出現了一些模糊的字跡，再接著烤，字跡變得越來越清晰。就這樣，一份重要的情報在無意之中被讀懂，由於這份情報傳遞的及時，也挽救了無數人的生命。

　　原來，這張白紙並非無字，而是白字，是用醋寫的。

⚡ 知識點睛

　　用醋在白紙上寫字，晾乾後不會留下任何痕跡。醋的主要成分是醋酸，屬於有機物，有機物的汁液乾了之後會變得透明，用微火加熱，透明的汁液又會變成棕色。檸檬或番茄汁也可以作為隱寫墨水，因為它同樣富含碳元素，很容易被焦化。

　　用醋寫的字可以在火上烤一烤；蘸了澱粉溶液寫字，那麼碘酒就是解密藥水；如果換成酚溶液，氫氧化鈉溶液

就能派上用場。

####▶ 眼界大開

　　醋酸無色、強烈刺激性氣味、在常溫下是固體、易溶於水和酒精、凝固點16.6℃。醋酸是十分重要的基本有機原料，用於生產醋酸纖維、噴漆溶劑、香料、染料、醫藥等。

　　冰醋酸是純淨的醋酸，是重要的有機化工原料之一，它在有機化學工業中處於重要地位。冰醋酸按用途又分為工業和食用兩種，食用冰醋酸可作酸味劑、增香劑，可生產合成食用醋。用水將醋酸稀釋至4%～5%濃度，添加各種調味劑而得食用醋。常用於番茄調味醬、蛋黃醬、醉米糖醬、泡菜、乾酪、糖食製品等。使用時適當稀釋，還可用於製作番茄、嬰兒食品、沙丁魚等罐頭，還有酸黃瓜、肉湯羹、冷飲。用於食品香料時需稀釋，可製作軟飲料、冷飲、糖果、焙烤食品、布丁類、膠媒糖、調味品等。作為酸味劑，可用於調飲料等。

Chapter 2
化學元素

　　充斥著一百多種元素的化學課本也許讓我們時刻感到頭疼，覺得枯燥，殊不知，很多元素的背後都隱藏著一個令人著迷的故事。本章將打破傳統課本裡固定的純知識性講解，以活潑有趣的形式貫穿始終，讓你從中輕輕鬆鬆地學到知識，從而對元素有更深刻的瞭解。

01.綠寶石中的寶貝

在一般情況下，金屬與金屬相互碰撞時，不但有聲響，還會冒出火花來。所以，在加油站、煤氣站以及運輸易燃易爆物品時，儘量不使用金屬物品，以免發生碰撞，冒出火花，造成危險。可是，為什麼有的金屬撞擊了卻不會冒火花，它是一種什麼樣的金屬呢？

據說羅馬皇帝涅龍，是一個殘忍的暴君，他有一種嗜好，就是透過「鏡子」觀看角鬥士的拼死搏鬥。

這天，涅龍又像平常一樣，放出兩個餓了三天的角鬥士，讓他們互相廝殺。涅龍又拿起他最喜歡的特大綠寶石，透過綠寶石觀看血腥的搏鬥，看到有人倒地身亡時，他竟然拍手稱好。

涅龍不但是位暴君，還是個昏君。有一次，羅馬城起大火，涅龍卻悠閒地透過他那獨特的透鏡，欣賞橙黃色的火苗舔食人畜房屋的情景。

後來，許多科學家開始研究這種綠寶石，看它究竟有何神奇魔力。直到1789年，法國化學家沃克蘭才發現了綠

寶石中的新元素──鈹。

　　鈹與銅和鎳的合金在與石頭或其他金屬撞擊時，不會迸出火花。人們利用這種鈹合金與眾不同的性質，製成了專門用於礦井、炸藥工廠、石油基地等易爆區使用的錘子、鑿子、刀鏟等工具，為減少爆炸事故和火災作出了貢獻。

◆ 知識點睛

　　鈹是一種很輕的金屬，可它卻十分堅韌，其強度超過了結構鋼。而且它的熔點達到了1285℃，比同屬輕金屬的鎂和鋁要高得多。在地殼中，鈹的含量約為百分之六。

◆ 眼界大開

　　鈹有「原子能工業之寶」的美稱，是用金屬鈹的粉末與鐳鹽的混合物製成的中心源，每分鐘能產生幾十萬個中子。用這些中子做炮彈去轟擊原子核，可使原子核分裂，從而釋放出巨大的能量──原子能，同時產生新的中子。此外，為了達到人工控制核裂變的目的，必須使產生中子的速度減慢，而鈹對快中子有很強的減速作用，它可以充當原子反應堆的減速劑，使核裂變反應有條不紊、連續不

斷地進行下去。

　　此外，金屬鈹還有著良好的透音性，聲音在鈹材料中的傳播速度高達12600米/秒。與之相比，聲音在空氣和水中的透音性就遜色得多了。

　　金屬鈹的這一特性，引起了專家們的極大興趣，他們準備用金屬鈹製造樂器。相信不久的將來，我們將能聽到一種新奇、美妙的音樂，它正是由鈹材料製造的樂器發出的。

　　鈹有著很多的優點，但也有著缺點，那就是鈹和鈹的許多化合物都有毒。如果食物中鈹鹽的含量過高，就會在人體內形成磷酸鈹，從而導致骨骼鬆軟，使人患上所謂的鈹軟骨病。

　　另外，鈹的許多化合物還會引起皮膚發炎、肺水腫，甚至窒息。

02.菩薩生病

凡人吃五穀雜糧，生病在所難免，而觀音在我們眼中是救死扶傷的，祂們只會替人治病，自己卻不會生病。但現在，有一位神通廣大的觀音居然生病了，這是什麼緣故呢？

這裡的觀音並不是指在電視裡看到的那種，而是一戶人家供奉的觀音菩薩像。

相傳，南宋年間，江蘇省有一位老財主非常迷信，有一天碰到一位尼姑，這位尼姑自稱是觀音轉世，她告訴老財主說他印堂發黑，有不祥之物跟隨，唯一可以逢凶化吉的辦法，就是把庵裡的觀音菩薩像請到家裡，好生侍候。老財主被尼姑說得嚇破了膽，趕緊命令家奴把觀音請回家，好生招待。

可過了一段時間後，雖然每天供品、香火不斷，但觀音像卻變得暗淡無光，好像生病似的。老財主一看，以為照顧還不周，就趕緊一日三餐上供品、點香火。

其實，這位財主供奉的觀音像不是銅塑的，更不是金

塑的,而是用金屬鈉塑造出來的。在嬝嬝的香火中,金屬鈉漸漸被氧化了。原來的觀音是銀光閃閃,被氧化後,生成了一種新的氧化物,看上去就像「生病」一樣,一臉倦容。

▶ 知識點睛

鈉呈銀白色,有美麗的光澤,密度0.97g/cm³,比水輕,熔點97.81±0.03℃,沸點882.9℃,輕軟而有延展性,常溫時有蠟狀,低溫時可變脆。化學性質很活潑,能與非金屬直接化合,在空氣中氧化迅速,所以鈉一般被保存在煤油中。鈉燃燒時有黃色的火焰產生,並有過氧化鈉(Na_2O_2)生成,跟水能起劇烈反應,生成氫氣和苛性鈉。鈉在氧氣中燃燒的化學式為:

$$2Na+O_2 = Na_2O_2$$

鈉和水反應的方程式為:

$$2Na+2H_2O = 2NaOH+H_2 \uparrow$$

▶ 眼界大開

在自然界中,鈉以化合態存在,分佈廣。地殼中的含量為2.64%左右,由電解熔融的氫氧化鈉或氯化鈉製得。

鈉可用來製取過氧化鈉、四乙基鉛等化合物，鈉和鉀的合金(含50％～80％K)在室溫下呈液態，可用作反應堆的導熱劑。

　　鈉是在自然界中分佈最廣的十個元素之一，但由於它不易從化合物中還原成單質狀態，所以遲遲未被發現。

　　英國化學家大衛在發現鉀後不久，從電解碳酸鈉中獲得了金屬鈉。由於單質鈉的比重很小，所以當時沒有人相信它是金屬，因為它的比重比水還小。當時它們不僅沒有被承認是金屬，更沒有被承認是元素。直到1811年，才由蓋呂薩克和泰納爾證實了鈉是一種元素。

03.死亡實驗

人們或許知道，氫氟酸是氟化氫氣體的水溶液，它具有很強的腐蝕性，玻璃、銅、鐵等常見的物質都會被它「吃」掉，即使很不活潑的銀容器，也不能安全地盛放它。氫氟酸能揮發出大量的氟化氫氣體，而氟化氫有劇毒，吸入少量，就非常痛苦。

許多化學家試圖從氫氟酸中分解出單質氟來，但都因在實驗中吸入過量氟化氫氣體而死，於是被迫放棄了實驗。難道真的不能征服它嗎？

氟在被發現前被認為是一種「死亡元素」，是碰不得的。

1872年，莫瓦桑應弗雷米教授的邀請，來到了實驗室和他共同研究化學。

那時，教授正在研究氟化物，莫瓦桑當上他的學生後，就接過了這一化學界的難題。從此，莫瓦桑對氟的提取以及過去曾經發生的曲折，有了深刻的認識。莫瓦桑對老師這種大無畏的精神非常敬佩。

「為了感謝恩師的知遇之恩，一定要捕捉死亡元素。」莫瓦桑對自己說。

　　於是，莫瓦桑開始查閱各種學術著作、科學文獻，把與氟有關的著作通通讀了一遍。經過大量的研究試驗，莫瓦桑得出一個結論：實驗失敗的原因可能是進行實驗時的溫度太高。

　　莫瓦桑認為，反應應該在室溫或冷卻的條件下進行。因此，電解成了唯一可行的方法。

　　於是，他設計了一整套抑制氟劇烈反應的辦法。他在鉑製的曲頸瓶中，製得氟化氫的無水試劑，再在其中加入氟化鉀增強它的導電性能。然後，他以鉑銥的合金為電極，用氯仿作冷卻劑，並設計了一個實驗流程，讓無水氟化氫、氯仿以及螢石塞子作主要部分，把實驗放在零下23℃的狀況下電解，終於在1886年制得了單質氟，擒獲了「死亡元素」。

知識點睛

　　單質氟是一種淡黃色的氣體，在常溫下，它幾乎能和所有的元素化合：大多數金屬都會被它腐蝕，甚至連黃金在受熱後，也會在氟氣中燃燒！如果把氟通入水中，它會

把水中的氫奪走，放出氧氣，反應式為：

$$4F + 2H_2O = 4HF + O_2\uparrow$$

▶ 眼界大開

在1916年時，美國科羅拉多州一個地區的居民都得了一種怪病，無論男女老幼，牙齒上都有許多斑點，當時人們把這種病叫做「斑狀釉齒病」，現在人們一般都把它稱作「齲齒」。

原來，這裡的水源中缺氟，而氟是人體必需的微量元素，它能使人體形成強硬的骨骼並預防齲齒。當地的居民由於長期飲用這種缺氟的水，因而對齲齒的抵抗力下降，全都患了病。

為何人體缺氟會患上齲齒呢？這是因為：我們每天吃的食物，都屬於多糖類。吃完飯後如果不刷牙，就會有一些食物殘留在牙縫中。

在酶的作用下，它們會轉化成酸，這些酸會跟牙齒表面的琺瑯質發生反應，形成可溶性鹽，使牙齒不斷受到腐蝕，從而形成齲齒。

如果我們每天吸收適量的氟，那麼氟就會以氟化鈣的形式存在於骨骼和牙齒中。氟化鈣很穩定，口腔裡形成的酸液腐蝕不了它，因而可以預防齲齒。

為了預防齲齒，人們採取了許多措施，比如說在缺氟的水中補充一些氟，這樣人們在喝水時就不知不覺地會吸收一些氟。

　　另外，人們還研製出了各種含氟牙膏，牙膏中的氟化物會加固牙齒，使牙齒不受腐蝕。而且，有些氟化物還能阻止口腔中酸的形成，這就從根本上解決了問題，因而效果十分明顯。

04.一個出色的實驗

有一種小珠子，一放到水裡，不但不下沉，還滋滋地在水面上亂竄，並發出銀白色的亮光，這種小珠子就是──鉀。對於它，也許我們都不陌生，但關於它的發現，我們是否熟悉呢？

1807年，大衛與助手艾德蒙製作了一個龐大的電池組。大衛想，既然電解水能生成氫和氧，那麼電解別的物質也會生成新的元素，於是他開始拿苛性鉀做試驗，希望隱藏在苛性鉀中的物質經不住它的作用跑出來。他們起先試圖電解苛性鉀飽和溶液，但失敗了，因為結果與電解水沒有什麼區別。

「難道苛性鉀真的不能分解？是方法不對嗎？」大衛疑惑地想著。後來他們改變了實驗方法，將苛性鉀先在空氣中暴露數分鐘，使它表面略微潮解，成為導電體，然後放置在一個絕緣的白金盤上，讓電池的陰極與白金相連接，作為陽極的導線則插入潮濕的苛性鉀中。奇蹟出現了，電流接通後，苛性鉀在電流的作用下先熔化，後分

解，接著在陰極上出現了水銀滴般的顆粒。它們像水銀柱一樣帶著銀白色的光澤，可一滾出來，就「啪」的一聲炸開了，並呈現出美麗的淡紫色火舌。

大衛看到那望眼欲穿的小金屬珠出現時，難以抑制歡喜之情，盡情地跳起舞來了，任憑實驗室架子上的玻璃器皿被撞得粉碎。他好半天才平靜下來，拿起桌上的鵝毛筆，寫下了實驗記錄，並在空白處寫下7個大字：「一個出色的實驗！」

後來，大衛又對實驗過程中產生的這種金屬進行了分析，確認這是一種新的金屬，並將其命名為「鉀」。

••••▶ 知識點睛

鉀是一種銀白色、質軟、有光澤的1A族鹼金屬元素。鉀的熔點低，比鈉更活潑，在空氣中很快就氧化了。鉀與水的反應比其他鹼金屬元素顯得溫和。鉀可以和鹵族、氧族、硫族元素反應，還可以使其他金屬的鹽類還原，對有機物有很強的還原作用。

鉀在自然界中只以化合物形式存在。在雲母、鉀長石等矽酸鹽中都富含鉀。鉀在地殼中的含量約為2.09%，居第八位。

眼界大開

　　英國化學家大衛出生於1778年12月17日，父親是個木刻匠。

　　16歲那年，父親因病去世，大衛只好到鎮上一位名叫波拉斯的醫生那兒當學徒，負責配藥和包紮。

　　20歲那年，大衛因出色的實驗能力被牛津大學的化學教授貝多斯看中，調到了新成立的氣體實驗室。大衛用電解法發現了鉀之後，又對蘇打進行電解，得到了柔軟如蠟的新金屬——鈉。他還從鹼性礦土裡相繼發現了四種新的金屬：鈣、鎂、鍶、鋇。

05.火山搗鬼

家裡收藏古董的人都知道，古董放在櫥櫃裡，是不會變色的，但有一位商人的古董卻變黑了，是商人在弄虛作假，還是古董真的會變黑呢？

馬提尼島在拉丁美洲的加勒比海，在這個島上有一個商人，他對古董情有獨鍾。有一天，他像往常一樣，來到櫥窗前察看自己精心收藏的一批古董，卻無意間發現一件精緻的銀壺上有一層黑影，像抹了層淡淡的灰。他趕緊找來抹布，想把它擦乾淨，但無濟於事。

臨出門前，這位商人還特別叮嚀管家，一定要想辦法把那件銀壺弄乾淨。

十幾天以後，商人又回到了島上，發現銀壺上的黑影根本沒有擦去，便滿腔怒氣地向管家發火，並斥責管家偷懶。管家滿臉委屈地說：「我已經想了許多辦法，仍然無法恢復如初。不僅如此，島上其他銀器也變黑了，像得了什麼傳染病似的。」

沒過幾天，更奇怪的事又發生了，商人剛帶回來的一

批銀器也變得黑漆漆的。商人見了，嚇得目瞪口呆，卻不知道這是為什麼。

直至有一天，馬提尼島火山爆發，空氣中充滿著難聞的硫黃味。商人才恍然大悟：這銀器變黑一定與空氣中的硫化物有關！

事實果真如此：火山爆發前，空氣中已經有二氧化硫、硫化氫等氣體在彌漫，只是人的嗅覺不那麼靈敏，沒有嗅出來而已。

硫與銀，這兩種元素就是這麼怪，不知不覺地結合一起，搞了一場不大不小的鬧劇。

▶ 知識點睛

在火山爆發前，地下灼熱的岩漿雖然還沒有衝出地面，可是已經在大量聚集，並逐步向上漂移。由於地下溫度在不斷攀升，一些火山爆發時才噴出的硫化物，像硫化氫、二氧化硫等氣體，便隨著地下熱空氣悄悄地滲透到地面。

空氣中的硫化物能與銀發生化學反應，生成黑色的硫化銀。

▶ 眼界大開

　　我們平時帶的銀首飾也會變黑。銀飾變黑是正常的自然現象，因為空氣和其他自然介質中的硫和氧化物等對銀都有一定的腐蝕作用，在佩戴一段時間後，就會出現一些微小的斑點(硫化銀膜)，久之會擴散成片，甚至變成黑色，所以，目前銀飾都有一些因氧化而變色現象。

　　下面將介紹一些關於保養和去除銀飾表面氧化物、恢復銀飾亮澤的方法：

1、避免銀飾接觸水汽和化學製品，避免戴著游泳，尤其是去海裡。

2、每天將銀飾用棉布擦乾淨，放到首飾盒或袋子裡密封保存。

3、銀飾已經氧化變黑了，可以用軟毛刷子蘸牙膏刷洗，也可用手搓香皂或清潔劑等方式清洗，實在無法處理乾淨時才用洗銀水擦洗，洗完後銀飾均要用棉布擦乾。

06.惰性氣體

　　我們知道懶惰是人類的天性，但現在老師卻告訴我們有些氣體也很「懶惰」，你知道這是些什麼氣體嗎？它們又是怎樣懶惰的呢？

　　下午第一節課就是化學，上課鈴聲一響，小勇就瞪著眼睛開始看著門口，老師怎麼還不來？小勇恨不得馬上聽到老師講的內容，因為他覺得化學太神奇了。

　　鈴聲剛一落定，老師就進來了，笑著說：「今天我們講『懶惰』的氣體。」看到同學們都很疑惑，老師就接著說道：「氦(He)、氖(Ne)、氬(Ar)、氙(Xe)等氣體，以『懶惰』出名，所以人們把它們叫做惰性氣體。」

　　1894年8月13日，英國化學家拉姆賽和物理學家瑞利在一次會議上報告，他們發現了一種性質奇特的新元素。這種元素以氣體狀態存在，對於任何最活潑的物質它都無動於衷，不與之反應，因此，給它取名叫氬，意思就是「懶惰」。

　　接著人們又發現了幾種元素，也有類似的性質，它們

也極其「懶惰」，基本上不同其他元素進行化學反應。

哦，原來是這麼回事，小勇終於明白了。

「惰性氣體」只占大氣組成的0.94%，又被叫做「稀有氣體」。除了氦原子是以2個電子為穩定結構以外，其他惰性氣體的原子最外層都有8個電子的穩定結構。那時的化學理論認為，具有這種結構的元素是不能發生化學反應的。所以，化學家下結論說，惰性氣體元素不可能形成化合物。

••••▶ 眼界大開

惰性氣體能夠製造出都市裡最真實的夢幻──最絢爛綺麗的霓虹燈，其實就是因為填充了惰性氣體。當燈管通電之後，就能激發惰性氣體放出光芒。

1962年，英國年輕化學家巴特列特在進行鉑族金屬和氟反應的實驗時，意外地得到了一種深紅色的固體，經過分析才知道它是六氟鉑酸氧的化合物（O_2PtF_6），並從這個化合物中看到這樣一個現象：已經達到8個電子穩定結構的氧分子居然能失去一個電子，形成陽離子，而氧是很

難失去電子的，它的第一電離能(也就是原子失去電子的困難程度)比氙的第一電離能還大些。那麼，惰性元素氙是否也能形成陽離子呢？而且六氟化鉑是一種強氧化劑，如果讓六氟化鉑同氙作用，結果會怎樣呢？

巴特列特按照合成六氟鉑酸氧的方法，在常溫下把六氯化鉑蒸氣和過量氙氣混合，結果得到了六氟鉑酸氙的橙黃色固體。這是世界上第一個惰性氣體化合物。接著，氙的氟化物、氯化物、氧化物也相繼問世，而且，氟化氡、二氟化氙等惰性氣體化合物已有數百種之多。

惰性氣體化合物的合成成功，又給了科學家一次啟示：科學是無止境的，今天的真理，明天很可能變成謬誤。只有善於探索，人們才能永遠站在真理這一邊。

07.尿液裡的白磷

我們知道「鬼火」是因為磷的氫化物——磷化氫燃燒形成的，對磷的化合物有了一定的瞭解，那麼，我們對磷是否瞭解，是否知道磷是怎麼發現的呢？

歐洲中世紀，煉金術盛行，人們都像發了瘋，什麼東西都拿來嘗試煉金，他們把採集來的鐵、鉛、石頭、碎布等東西放到大鍋爐裡，不停地攪拌，並貼上咒語，企圖哪天能煉出金燦燦的黃金。

德國漢堡一位叫弗爾朗德的商人，偶爾聽人說，用強熱蒸發人尿能製造出黃金，或者能夠得到點石成金的寶貝。

聽到這個消息後，布朗特迫不及待。他想：

「這倒是個好辦法，何樂而不為呢？」

於是，他立即偷偷地收集大量的尿液，然後，在幽暗的小屋裡偷偷地製造起來。

布朗特天天蒸啊蒸啊，一點一點地慢慢將它們蒸乾後，又兌上各式各樣的東西，一會兒用煮的方法，一會兒

用烤的方法，一會兒用這個配方，一會兒用那個配方。一下子這樣試驗，一下子那樣試驗，就這樣試驗來試驗去……

布朗特做了幾十次甚至幾百次的試驗。有一次，他將尿渣、沙子和木炭放在火中加熱，然後用水冷卻，結果，這次他雖然沒有得到黃金，卻意外地得到一種像白蠟一樣的物質，這種物質在黑暗的小屋裡還一閃一閃地發著亮光。

「這是什麼東西呢？」布朗特非常吃驚。

其實，這種能發出螢光的一小塊白色柔軟的物質，就是白磷。

磷在拉丁文意思是「冷光」。

·····▶ **知**識點睛

白磷，又稱黃磷，是呈淡黃色、接近無色半透明的固體，不溶於水，溶於CS_2，劇毒，著火點低，只有$40^{\circ}C$，具有大蒜臭味。它是由正四面體結構的分子構成，也就是它的分子結構是正四面體。

白磷的化學性質活潑，自然界中不能以游離態存在，在空氣中易氧化成三氧化二磷和五氧化二磷，呈白色煙

霧，在潮濕空氣中可氧化成次磷酸和磷酸，易與金屬、鹵素及氫氣合成磷化物。

白磷是製造炸藥、燃燒彈、滅鼠劑、肥料等製品的基本成分，是石油化工縮合催化劑、表面活性劑必不可少的原料。

▶ 眼界大開

白磷和紅磷是磷的兩種單質，是同素異形體(是相同元素組成，不同形態的單質。如碳元素就有金鋼石、石墨、無定形碳等同素異形體。同素異形體由於結構不同，彼此間物理性質有差異；但由於是同種元素形成的單質，所以化學性質相似)。

紅磷是紅棕色粉末狀固體，不溶於水，不溶於CS_2，無毒。紅磷的著火點高，在200℃以上，它是由原子組成的。白磷在加熱(高溫)的情況下能轉化為紅磷。

08.銀餐具的功效

　　我們在新聞、網路上經常看到集體食物中毒、吃了豆角中毒等，所有食物中毒的都是人類，動物中毒很少見。但下面這隻小花貓，卻食物中毒了，而且還是吃了皇帝的玉膳。是有人蓄謀要殺小花貓呢，還是另有原因？

　　古時候，一個奸臣想謀權篡位，於是他想先殺害皇帝，再起兵造反。可是，他無法接近皇帝，有事上朝時，文武百官都在，根本下不了手，即使下了，眾目睽睽之下，別說篡位了，連自己的小命都保不住。於是，他又想出了一條毒計，花錢買通了為皇帝做飯的廚子，在皇帝的飯菜中下毒。

　　有一天，這個廚子在皇帝的飯菜裡已經下好了毒，貼身的太監把皇帝愛吃的飯菜恭恭敬敬地遞了上去。這時，皇帝看見侍女抱著自己最疼愛的小花貓，一時興起，就命令侍女拿了一條紅燒魚給小貓吃，想不到小花貓剛吃幾口就中毒而死。貼身太監急了，拿起皇帝的銀湯匙，往別的菜裡一插，發現直冒泡，皇帝見了大吃一驚，繼而龍顏大

怒，最後把奸臣和廚子打入死牢。從此以後，不僅皇帝自己，連皇帝的嬪妃也用銀碗銀匙作食具呢！

在古代帝王的宮室中，銀制食具的確是屢見不鮮。在銀碗裡盛放牛奶，可以保持幾個月不變質。這主要就是銀具中含有銀離子，具有強烈的殺菌作用，故而食物不易腐敗。所以，皇宮裡使用銀具，不僅能防毒，也能殺菌，有益健康！

•••••▶ **知識點睛**

銀在地殼中的含量很少，在自然界中有單質的自然銀存在，但主要以化合物狀態產出。純銀為銀白色，熔點960.8℃，沸點2210℃，密度10.49g/cm³。銀是面心立方晶格，塑性良好，延展性僅次於金，但當其中含有少量砷As、銻Sb、鉍Bi時，就變得很脆。銀的化學穩定性較好，在常溫下不氧化。但在所有貴金屬中，銀的化學性質最活潑，它能溶於硝酸生成硝酸銀；易溶於熱的濃硫酸，微溶於熱的稀硫酸；在鹽酸和「王水」中表面生成氯化銀薄膜；與硫化物接觸時，會生成黑色硫化銀。此外，銀能與任何比例的金或銅形成合金，與銅、鋅共熔時極易形成合金，與汞接觸可生成銀汞柱。

····▶ 眼界大開

　　銀在所有金屬中是最好的電和熱的導體。銀在電子工業中最重要的用途是提供厚膜塗層，最普遍的是銀鈀合金用於多層磁電容器和製造水下開關，塗銀薄膜用在汽車電熱擋風玻璃中以及用在導電黏合劑中。

　　銀易於從雙鹼金屬氰化物(例如氰化鉀中或者使用銀陽極)中產生電解沉澱，因而廣泛應用於電鍍工藝。

　　銀的反光性是無與倫比的，在拋光以後幾乎可以100%地反光，使其能用在鏡子上，塗在玻璃、賽璐玢或金屬上。

　　在醫院、邊遠地區和家庭的水淨化系統中，銀經常被用作殺菌和除藻劑。

09.科學家糾錯

有一句俗語是「捧在手裡怕摔了，放在嘴裡怕化了」，這是對父母溺愛子女的比喻說法。可有一種物質真的放在手裡怕化，這種物質是什麼呢？

伍爾茲院士在巴黎科學院召開的例會上宣佈：三天前，他的學生布瓦博多朗在某種閃鋅礦中發現了一種新元素，並建議將這種元素命名為鎵，以紀念法國(法國古稱為「家里亞」)。

鎵被發現的消息被宣佈後不久，布瓦博多朗就收到了一封來自俄羅斯的信，信中這樣寫道：「尊敬的布瓦博多朗先生，您所說的鎵就是我四年前預言的『類鋁』，它的比重(現稱密度)應為5.9左右，而不是您所說的4.70，請您再測一下吧……」信尾的署名是：德米特里·伊凡諾維奇·門捷列夫。

太有意思了，一位世界上唯一擁有金屬鎵的科學家在巴黎實驗室中借助精確的測量和實驗，測得了它的比重，而另一位從未見過鎵元素的科學家卻在千里之外彼得堡的

書房中說他測錯了！

布瓦博多朗半信半疑地在實驗室重測了鎵的比重(密度)，結果果然是自己測錯了，鎵的比重(密度)是5.94！

布瓦博多朗對門捷列夫佩服得五體投地，他想到的第一件事，就是立即給門捷列夫寄了一張自己的照片，背面寫上：謹向我的朋友門捷列夫伯爵致以誠摯的敬意和熱情的祝願。

▶ 知識點睛

鎵是一種有白色光澤的金屬，它的熔點很低，只有29.8℃，放在手掌上，人的體溫就可以將它熔化成液體。鎵的熔點很低，但它的沸點卻出奇的高，達1893℃。

但當鎵從液體凝成固體時，體積反而要膨脹3％，這一性質是其他金屬所不具備的。

金屬鎵的一個重要的用途是製造合金。鎵和錫、銦的合金在10.6℃就會熔化，可用來製作電熔絲。鎵和錫、銦和鋅的合金也是一種易熔合金，常常用來製造自動救火水龍頭。當失火時，溫度一升高，合金龍頭立即熔化，水就會自動噴射出來。

鎵的許多化合物都是優良的半導體材料，其中尤其以

砷化鎵最為顯著。

　　砷化鎵是一種黑灰色的固體，在空氣中很穩定，是繼鍺和矽之後的第三代半導體材料，被廣泛地應用於雷達、導彈、電腦、人造衛星、太空船等尖端領域。

••••▶ 眼界大開

　　比鎵熔點還低的金屬是鈀，只有28℃，鈀是1830年英國的沃拉斯頓從粗鉑中發現並分離出的。

10.傳統習俗中的科學

元素週期表中有一種元素叫砷，西元317年，由中國到一位道士葛洪從雄黃、松脂、硝石合煉製得，後由法國拉瓦錫確認為一種新元素。關於砷，你知道它有什麼故事嗎？

有一位少數民族的大學生在宿舍裡聊天時，他談到自己家鄉的風俗習慣時，說道：「每年農曆五月初五的端午節，人們都特別垂青雄黃。那一天，不僅成人愛喝幾杯加入幾粒雄黃的酒，小孩子在中午也要洗個澡，在水中加入一些雄黃，就連那洗澡水也捨不得亂潑，要有『計畫』地撒向住處四周，好像是什麼『仙水』似的，希望能沾到些光。小時候，沒學過化學，懂得知識比較少，後來才知道，人們偏愛雄黃並不是一種迷信做法，而是有一定的科學道理。」

其實，端午節來臨時，各種蚊子、蛀蟲等活動漸漸猖獗。把雄黃噴灑在屋裡，確有殺蟲防腐作用。雄黃也是中藥原料，具有消腫、強心等功能。雄黃要是與其他防腐劑

混合在一起，噴在船底，還能避免海蚧的寄生，增加船的航速。

····▶ 知識點睛

雄黃是砷的化合物，化學名字叫硫化砷，主要成分是砷。它的顏色是橘紅色的，所以也叫雞冠石。

當砷在空氣中加熱，就會燃燒生成白色的粉末或晶體，叫三氧化二砷，也就是我們平時所說的砒霜。它是一種毒藥，只要0.1克就能讓人中毒死亡。

····▶ 眼界大開

砷是一種古老的毒物。化妝品中砷含量不得超過10毫克/千克，否則用後如果吸收中毒的話，砷也會引起神經系統的改變，同時還有一些周圍神經的改變，比如手麻、腳麻，四肢無力、疼痛等症狀，皮膚上可能還有黑變、色素的沉著。在自然界中，砷主要是以硫化物如雄黃的形式存在。砷的各種化合物的應用很廣泛，如五氧化二砷被用作殺菌劑，砷酸鹽與亞砷酸鹽衍生物被用作除草劑，砷酸被用於木材防腐，在玻璃、顏料、塗料、半導體顏料、製藥工業等行業也被廣泛應用。

11.被冤枉的財寶

　　鉑，我們俗稱為「白金」，現在它比金子還貴重，在古時候，有些官員卻把它們拋進大海裡。是官員清廉，還是別有用意呢？

　　古時候，在加勒比海上經常有船隻載著金銀珠寶來來往往。有一天，一支遠洋的船隊發現了「劣質銀」──是一種銀白色的銀子。

　　奸商們為了獲取更多的利益，悄悄地把這些「劣質銀」帶回了本土，廉價出售給珠寶商。一些珠寶商為了賺更多的錢，請工匠們把「劣質銀」摻進了黃金中，有的乾脆仿造成金幣在市場上流通起來，嚴重地影響了當地的經濟秩序。

　　當地官員將此情況稟報國王後，國王大怒，便下令把全國所有的「劣質銀」倒進大海，私藏者一律問斬。各官員接到指令後，便把收繳的大量「劣質銀」倒進了洶湧的大海中。

　　原來，那時人們還不知道這「劣質銀」到底是一種什

化學有意思
火點不著的魔法衣
Funny Chemistry experiments

81

麼物質。直到後來英國的勃朗呂克博士費了好大工夫對「劣質銀」進行研究探索，才發現它並不是什麼劣質的銀子，而是一種新物質——鉑。

‥‥▶ 知識點睛

鉑，原子序數78，原子量195.08，元素名來源於西班牙文，原意是「銀」。鉑為銀白色金屬，熔點1772℃，沸點3827±100℃，密度21.45g/cm³；質地柔軟，有光澤，有良好的延展性和熱、電性能。

鉑的化學性質不活潑，在空氣和潮濕環境中穩定，常溫下不受普通的酸、鹼、鹽和有機物的侵蝕；鉑溶於熱的王水和熔融件；高溫下能與硫、磷、鹵素發生作用；鉑有形成配位化合物的強烈傾向，還有良好的催化性能。

‥‥▶ 眼界大開

鉑族金屬和合金有很多重要的工業用途。過去主要是製造蒸餾釜以濃縮鉛室法制得稀硫酸，也曾用鉑銥合金製造標準的米尺和砝碼。

在19世紀中葉，俄國曾製造鉑銥合金幣在市場上流通。目前，鉑族金屬及其合金的主要用途為製造催化劑。

鉑銠合金對熔融的玻璃具有特別的抗蝕性，可用於製造生產玻璃纖維的坩堝。

鉑銥、鉑銠、鉑鈀合金有很高的抗電弧燒損能力，被用作電接點合金，這是鉑的主要用途之一。由於鉑化學性質穩定，純鉑、鉑銠合金或鉑銥合金製造的實驗器皿如坩堝、電極、電阻絲等是化學實驗室的必備物。

鉑鑽合金是一種可加工的磁能極高的硬磁材料。鉑和鉑合金廣泛用於製造各種首飾，特別是鑲鑽石的戒指、錶殼和飾針。

鉑或鈀的合金也可作牙科材料。鉑、鈀和銠可作電鍍層，常用於電子工業和首飾加工中。

12.誰殺害了恐龍

恐龍，從中生代的三疊紀到白堊紀，在地球上稱霸了1.6億年，但後來卻絕種了。關於恐龍的滅絕，科學界觀點不一，有的認為是小行星撞擊導致，有的則認為是恐龍性功能衰退導致的滅亡，還有人認為是海底火山爆發導致，等等。那麼恐龍究竟是如何滅絕的呢？

生物課上，老師講完人的進化之後，開始講恐龍的進化。同學們對這些都已經很熟悉了，所以覺得很無聊，一個個都無精打采。老師見狀，突然話鋒一轉：「侏羅紀時期，恐龍家族曾稱霸世界，但到了白堊紀，這些『霸主』們都神祕地滅絕了。最近有科學家認為，恐龍的滅絕和臭氧層空洞有關，那麼有哪位同學知道這是怎麼回事？」

同學們一聽來精神了，到底是怎麼回事呢？就在同學們思索的時候，班裡的「小博士」站起來說：「在白堊紀時期曾有一次大規模的海底火山爆發。這次爆發曾使大氣中出現超大面積的臭氧層空洞。這樣，太陽中的紫外線就可以肆無忌憚地穿過大氣層射到地球上。恐龍霸主們被強

烈的紫外線照射後，漸漸發生病變，最後導致滅絕。」

「嗯，回答得很好。」老師微笑著點點頭。

▶ 知識點睛

臭氧是氧氣的同素異形體，有3個氧原子組成，有一定臭味，因此被稱為臭氧，分子式為O_3。

▶ 眼界大開

臭氧是大氣中含量非常少的一種氣體，臭氧層分佈在距離地球表面25～30千米的大氣層中。

人類使用氟利昂充當冰箱和空調的製冷劑，它揮發到大氣中就會破壞臭氧層。當臭氧層變薄或出現空洞時，過多的紫外線會危害身體健康，引起眼睛和皮膚等的病變。

但臭氧也可用來治病。醫生用含有臭氧的霧狀生理溶液來沖洗病人的傷口，水流就像手術刀一樣，能將傷口中的膿血、壞死組織及細菌分解物清除，使傷患早日康復。

此外，臭氧層能夠吸收太陽光90%的紫外線，使得照射到地球表面的紫外線剛好適合生物生長所需。

13.閃閃發光的金剛石

　　我們知道金剛石是「稀世珍寶」，非常昂貴，一群小孩卻將它當「足球」踢來踢去，是童真無邪、不貪錢財，還是另有緣由？

　　一個炎熱的夏季，在奧蘭治河畔霍普敦附近的沙灘，一群孩子在上面玩耍。只見他們一會兒在沙灘上築河堤，一會兒在沙灘上挖一沙溝，一會兒又把沙堆成了一座座小山……

　　忽然，一位穿百褶裙的小女孩像發現新大陸似的呼喊她的小夥伴：「快來看呀！快來看呀！」

　　聽到小女孩的叫聲，小夥伴們不約而同地跑過去。原來，小女孩在沙礫叢中發現一塊亮晶晶的小石子。

　　「這是什麼東西呢？」

　　「是啊，又硬又亮，真好看！」

　　孩子們都睜大眼睛，你看過來，我看過去。然後，他們在沙灘上扔來扔去，像踢足球似的你追我趕，小石子成了他們嬉戲的玩具。

　　這時，一位學者剛好經過，看見孩子們腳下的「足球」晶瑩閃亮，這引起了他的注意。

　　「這塊石頭一定不是一般的石頭。」學者這樣想著，便走到孩子們面前，「小朋友，你們這個『足球』可不可以給叔叔啊？」

　　剛開始，孩子們都不樂意，七嘴八舌地問：「你要這個有什麼用啊？」、「你拿走了，我們玩什麼啊？」

　　沒辦法，學者就給他們耐心地解釋。最後，學者給孩子們每人一塊糖果，才把這個「足球」拿到有關部門鑒定。

　　鑒定後發現，這被孩子們踢來踢去的沙灘上的「足球」，竟然是一塊稀世珍寶——金剛石。

▶ 知識點睛

　　金剛石的成分是碳，與石墨同是碳的同質多象變體。在礦物化學組成中，含有Si、Mg、Al、Ca、Mn、Ni等元素。

▶ 眼界大開

　　印度是世界上第一個發現多金剛石的國家，後來跟隨

佛教徒，古印度金剛石傳入中國。17世紀末，巴西在米西納斯吉拉斯州首次發現了金剛石，隨後，又在皮奧伊州找到了含有金剛石的沙礫層。1851年，澳大利亞發現了第一塊金剛石。1867年，南非發現了金剛石油工業。1905年，南非的普列米爾發現了最大的寶石級金剛石，重3106克拉，取名為「庫里南」。1977年，山東臨沭縣常林村發現了中國最大的金剛石，重158.786克拉，取名為「常林鑽石」。

　　金剛石的用途很廣泛，可以用來做鑽頭、切割工具、研磨材料以及高溫半導體或尖端工業的原材料。在X射線照射下，金剛石還會發出藍綠色螢光，它的這一特性被用於礦砂中選礦。

　　金剛石經琢磨後稱為鑽石，而鑽石歷來就被譽為寶石之王，在它身上凝聚了很多人的夢想和渴望。

14.鋁的「黃金時代」

我們知道，只有白金比金子貴，可有一頂帽子不是用白金做的，卻比金子還貴，這究竟是一頂什麼樣的帽子呢？

法國拿破崙三世是一位愛慕虛榮的皇帝，為了顯示自己的闊綽富有，於是他命令一位大臣去做一頂比黃金還貴重的帽子。

這位大臣左思右想，就是不明白究竟世界上還有什麼能比黃金還貴重的。後來，實在沒辦法，這位大臣就去問拿破崙三世的心腹，原來在拿破崙三世眼中，鋁比金子更值錢。

於是，這位大臣費了好大心思為皇帝製造了一頂鋁王冠。拿破崙三世非常高興，每次接受百官朝拜就會得意地戴上它。更有趣的是，拿破崙三世在舉行盛大宴會時，規定只有王室的人才能使用鋁制的餐具，其他的人只能用金制的或銀制的餐具。

我們也許覺得這很可笑，但當時，鋁真的比黃金還貴

重，生產技術不過關，為了制取鋁這種金屬，必須要用鈉做還原劑，製造鋁的成本比黃金要高出好幾倍。

⋯⋯▶ 知識點睛

鋁粉具有銀白色光澤，常用來做塗料，俗稱銀粉、銀漆，以保護鐵製品不被腐蝕。鋁的延展性較好，可製成鋁箔，還可製成各種鋁合金，廣泛應用於飛機、汽車、火車、船舶等製造工業。

鋁是熱的良導體，工業上可用鋁製造各種熱交換器、散熱材料和炊具等。它的導電性僅次於銀、銅，在電器製造工業、電線電纜工業和無線電工業中有廣泛的用途。

鋁熱劑常用來熔煉難熔金屬和焊接鋼軌等。鋁還用作煉鋼過程中的去氧劑，鋁粉和石墨、二氧化鈦(或其他高熔點金屬的氧化物)按一定比例均勻混合後，塗在金屬上，經高溫熾燒而製成耐高溫的金屬陶瓷，在火箭及導彈技術上有重要應用。

鋁板對光的反射性能較好，反射紫外線比銀強，鋁越純，其反射能力越好，因此常用來製造高品質的反射鏡，如太陽能反射鏡等。

鋁具有吸音性能，音響效果也較好，所以廣播室、現

代化大型建築室內的天花板等也採用鋁。此外鋁還可用來製造爆炸混合物，如銨鋁炸藥等。

····▶ 眼界大開

傳說在古羅馬，有一個陌生人去拜見羅馬皇帝泰比里厄斯，並獻上一只金屬杯子，杯子像銀子一樣閃閃發光，但是分量很輕。它是這個人從黏土中提煉出的新金屬。但這個皇帝表面上表示感謝，心裡卻害怕這種光彩奪目的新金屬會使他的金銀財寶貶值，就下令把這位發明家斬首。

從此，再也沒有人動過提煉這種「危險金屬」的念頭，這種新金屬就是鋁。

15.冷面殺手

古羅馬帝國曾稱霸一時，然而鼎盛100多年後，卻每況愈下，最終走向了滅亡。古羅馬帝國滅亡的原因究竟在哪裡呢？

有學者指出古羅馬帝國衰亡於鉛中毒，後來考古學家發掘古羅馬人的墓穴時，發現他們的遺骨中含有大量的鉛。這證實了學者的觀點不無道理。

在古羅馬時代，由於鉛很軟，易加工，所以鉛製品作為一種高貴和富有的代表，深受人們寵愛。古羅馬貴族們普遍使用鉛制器皿、餐具和含鉛化妝品，還特別喜歡喝含鉛的葡萄汁。

當時，他們在製作琥珀般的葡萄汁時，總把葡萄放在鉛鍋或內壁鑲有鉛的鍋中熬煮，熬煮的時間還特別長，直到汁水只有原來的三分之一才熄火。這種葡萄汁特別香甜且不易腐敗，但含鉛量嚴重超標。

這些含鉛物品的大量使用，使許多人因鉛中毒而死亡。同時，古羅馬帝國所擁有的以鉛製作水管為基礎而建

成的給排水系統，則使平民也未能逃脫鉛中毒的厄運。然而這一切，古羅馬的人們一無所知。

知識點睛

鉛是銀白色重金屬，質地柔軟，抗張強度小。鉛在空氣中受到氧、水和二氧化碳作用，其表面會很快氧化生成一層暗灰色的保護薄膜；經過加熱，鉛能很快與氧、硫、鹵素化合；鉛與冷鹽酸、冷硫酸幾乎不起作用，但能與熱或濃鹽酸、硫酸反應；鉛與稀硝酸反應，但與濃硝酸不反應；鉛能緩慢溶於強鹼性溶液。

眼界大開

鉛是一種嚴重危害人類健康的重金屬元素，它可以影響神經、造血、消化、免疫、骨骼等各類器官。更為嚴重的是，它影響嬰幼兒的生長和智力發育、神經行為和學習記憶等腦功能，嚴重的可造成癡呆。發生鉛中毒時會出現便祕、腹絞痛、貧血等症狀。

Chapter 3

化學發明

　　人類文明的聖火由無數的發現和發明貫穿，一代傳承一代，不斷地推動人類歷史的車輪滾滾向前。化學史上的發現、發明創作也是如此。本章從浩瀚如煙的化學發現、發明中，遴選出重要且具有影響意義的29個，比如，肥皂、火柴、火藥、化肥、橡膠等，以期讓你找到光明之源、力量之源。

01.點石成金

我們前面知道金剛石是一種貴重的寶石，深受人們的喜愛，人們將其加工成各式各樣的飾品，佩戴在身上。但天然的金剛石產量太少，滿足不了人們的需求，這時，有個人突發奇想，他想用自己的手把石頭變成「金子」，那麼這個人是誰，他又能否成功呢？

這個「異想天開」的年輕人就是藥店學徒出身的法國化學家莫瓦桑。莫瓦桑看到天然金剛石「供不應求」時，就琢磨：能不能用人工製造金剛石來滿足人們的需要呢？那樣不就解決供求緊張的問題了嗎？於是，他在化學界同仁的異樣眼光中，開始了艱難的探索。

在當時，人們已經在隕石裡發現了石墨和碳，而天然的金剛石裡也夾雜著石墨和碳。這就是說，金剛石是石墨和碳在不同的條件下轉化成的。要使石墨和碳變成金剛石，就必須要有強大的壓力，因此，莫瓦桑就用各式各樣的方法對石墨和碳進行加壓，然而，在對碳和石墨加壓中發現擠壓不行，撞擊也不行……

最後，他終於想到利用「熱脹冷縮」的方法給它加壓，這一招果然有效：他設計了一種特殊的裝置，在熔化的鐵液中摻入少量的碳，使碳和鐵液混在一起，然後把燒紅的鐵液一下子倒入冷水中，水立即產生了強烈的嘶鳴聲，一團團水蒸氣迅速升騰著。

　　熔化的鐵立即變成了固體，同時，內外產生了一股非常強大的壓力，使金屬鐵中的那些碳變成一顆顆很小的亮晶晶的結晶體，這就是人類歷史上最早的人造金剛石。人造金剛石不像天然的金剛石那樣有光澤，要黑一些，但硬度比一般的物質都強。

····▶ 知識點睛

　　人造金剛石具有超硬特性和優異的物理、化學性能，在國民經濟和人們日常生活中，日益得到廣泛的應用和極大的重視，年消耗量直線上升。

····▶ 眼界大開

　　莫瓦桑，法國化學家，生於1852年9月28日，因首次製得單質氟等一系列發明獲得1906年諾貝爾化學獎。

　　1906年，瑞典諾貝爾基金會宣佈：把相當10萬法郎

的獎金授給莫瓦桑，「為了表彰他在製備元素氟方面所做的傑出貢獻，表彰他發明了莫氏電爐。」同年12月，一大批莫瓦桑的學生和朋友，在巴黎大學的會議廳裡，隆重舉行慶祝大會，慶祝莫瓦桑製取單質氟20周年。會上，54歲的莫瓦桑即席講演，他在演講的最後說：「我們不能停留在已經取得的成績上面，在達到一個目標之後，我們應該不停頓地向另一個目標前進。一個人，應當永遠為自己樹立一個奮鬥目標，只有這樣做，才會感到自己是一個真正的人，只有這樣，他才能不斷前進。」

02.燃燒的真相

氧氣是我們天天都要吸入的氣體，每個人都離不開它。同樣，物體的燃燒也離不開氧氣，那麼燃燒究竟是怎麼回事呢？

人類的祖先在穴居時代就學會了鑽木取火，火與人們的生活息息相關。然而，燃燒究竟是怎麼回事呢？

於是許多化學家開始對燃燒現象進行探討，但都未能觸及燃燒的本質。後來，德國人斯塔爾提出「燃素說」他認為一切可燃物中都含有燃素，物體燃燒時，本身所含的燃素便飛散出去，燃燒即物體失去燃素的過程。

拉瓦錫對此感到懷疑，但是他找不到更科學、更合理的理由。有一天，吃完飯時，他突然靈機一動，為何不從重量上入手呢？於是他決定從「物體燃燒後重量變化的原因」這一棘手的問題入手。

他應用定量分析的方法，進行了無數次的實驗。在實驗中他發現了化學反應中的品質守恆定律，發現了氧氣及其性質，燃燒的真相大白了。以汞為例，加熱汞後，生成

物汞灰增加的重量恰好等於空氣失去的重量；再加熱汞灰使其還原，還原汞灰時所得的空氣與生成汞灰時所失去的空氣正好相等；把這一部分空氣與不參加反應的其他空氣混合後，恰好就是普通空氣；拉瓦錫稱這部分特殊空氣為氧氣，指出了氧氣具有助燃並參與燃燒中化合的性質。

　　氧氣的發現徹底將燃素從燃燒中驅逐了出去，用真正的原因揭示了燃燒的本質。

▶ 知識點睛

　　世界上最早發現氧氣的是我國唐朝的煉丹家馬和。馬和認真地觀察各種可燃物，如木炭、硫黃等在空氣中燃燒的情況後，提出的結論是：空氣成分複雜，主要由陽氣(氮氣)和陰氣(氧氣)組成，其中陽氣比陰氣多得多，陰氣可以與可燃物化合把它從空氣中除去，而陽氣仍可安然無恙地留在空氣中。

　　馬和進一步指出，陰氣存在於青石(氧化物)、火硝(硝酸鹽)等物質中。如用火來加熱它們，陰氣就會放出來，他還認為水中也有大量陰氣，不過較難把它取出來。馬和的發現比歐洲早1000年。

　　拉瓦錫，法國化學家。在化學上主要的貢獻是：用實驗和理論多方面證明燃素說是錯誤的，並建立氧化說去代替錯誤的燃素說；證明水是化合物，推翻自古以來認為水是元素的錯誤觀念。

　　拉瓦錫著作很多，其代表作有《化學概要》、《物理學和化學的重量》等。

　　在政治上，拉瓦錫不能說沒有錯誤，特別是擔任收稅官和後來擁有大量土地的情況下，有錯誤是不可避免的。然而，他在化學上的功績並不因此而磨滅。

03.能燃燒的石頭

日常生活中，取暖做飯經常用到煤氣，對於煤氣，我們並不陌生，但對它的發現過程，我們是否熟悉呢？

英國大發明家威廉‧梅爾道克，小時候和一些小朋友在自己家後的一座小山上挖葉岩玩——這種石頭一片片的，像一頁頁書，能用火點著。梅爾道克覺得這種石頭很怪，居然能著火，要是放在水壺裡燒一燒，又會成什麼樣子呢？於是威廉‧梅爾道克決定帶些石頭回家燒燒看。

回到家，梅爾道克把取來的葉岩小心翼翼地放進水壺，然後把水壺放在火上烤。

他想，加熱了，這種奇怪的石頭還能變成什麼呢？過了一會兒，水壺嘴裡冒出了一股股氣體，小梅爾道克又驚又喜，呀！這石頭還真神奇，居然還會呼吸，石頭能燃燒，那它呼出來的氣體也可能會燃燒，他一邊想，一邊用火柴點燃它，想不到火柴剛一碰到那種氣體，就聽到「啪」的一聲，那氣體就燃燒起來了，把小梅爾道克嚇了一跳，差點兒讓火燒著他了。

自此梅爾道克迷戀上了科學，長大後，他開始研究煤，他把一塊煤塊像小時候玩葉岩一樣，放進了小水壺裡，然後，在水壺底加熱，並仔細地觀察著水壺裡的變化。一會兒，水壺嘴裡也冒出了一股股氣，用火柴一點，也著了起來。

梅爾道克把這種氣體稱為「煤氣」。

····▶ 知識點睛

煤的組成以有機質為主體，構成有機高分子的主要是碳、氫、氧、氮等元素。

通常所指的煤的元素組成主要是：碳、氫、氧、氮和硫。煤是由帶脂肪側鏈的大芳環和稠環所組成的。這些稠環的骨架是由碳元素構成的，因此，碳元素是組成煤的有機高分子的最主要元素。同時，煤中還存在著少量的無機碳，主要來自碳酸鹽類礦物。

氫是煤中第二個重要的組成元素。除有機氫外，在煤的礦物質中也含有少量的無機氫。它主要存在於礦物質的結晶水中，如高嶺土($Al_2O_3.2SiO_2.2H_2O$)、石膏($CaSO_4.2H_2O$)等都含有結晶水；氧是煤中第三個重要的組成元素。

它以有機和無機兩種狀態存在；氮是煤中唯一的完全以有機狀態存在的元素。煤中的硫分是有害雜質，它能使鋼鐵熱脆、設備腐蝕、燃燒時生成SO_2污染大氣及危害人類健康。所以，硫分含量是評價煤質的重要指標之一。

⋯⋯▶ 眼界大開

煤氣中毒通常指的是一氧化碳中毒，一氧化碳是煤炭燃燒不完全形成的。

一氧化碳被吸入肺，並通過血管進入血液。我們知道，紅血球是攜帶氧氣及二氧化碳的「氣體交換車」，透過紅血球的流動，全身組織才能進行氣體交換。而一氧化碳與紅血球結合的力量比氧氣大200～300倍，所以大量的一氧化碳與紅血球結合，就大大減少了紅血球帶氧的能力，使組織發生缺氧而「窒息」。

04.意外發現的肥皂

最早的肥皂是誰發明的呢？古埃及有個莊園主，他請了一個廚師。由於吃飯的人多，做飯的人少，小廚師天天忙得不可開交，臉都沒時間仔細洗，油膩膩的。小廚師為了早上多睡會，每天忙到半夜把第二天的材料給準備出來。

有一天，小廚師實在太睏了，一覺睡到了8點，小廚師急急忙忙起來做飯。但一不小心，把灶下的一盆煉好的羊油踢翻了，全部潑在炭灰裡。

小廚師怕被主人責罵，連忙用手將混有羊油的炭灰一把一把地捧了出去，以免被人發現。

他捧完炭灰洗手時，忽然發現手上竟然出現了一些白糊糊的東西，而且手洗得特別乾淨，甚至連以前很難洗掉的污垢都不見了。

小廚師沒有多想就趕緊去做飯了。當他做完飯後又用那種白糊糊的東西把手洗了一遍，變得更白了，接著他又洗了洗臉，的確能變白。

　　小廚師把他的發現告訴了莊園主，莊園主半信半疑地試了試。

　　「嗯，不錯，的確能讓臉又白又亮。」莊園主驚訝地說道。

　　不久，小廚師的這種「小團團」被更多的人知道了，一傳十，十傳百，全國上下都開始使用了。

　　原來，小廚師的「小團團」就是我們說的肥皂。

••••▶ 知識點睛

　　肥皂是由易溶於油的親油基(也叫疏水基)和易溶於水的親水基所組成。這兩個基團分別溶於油和水中，降低了油水的表面張力，從而把油水本不能互溶的兩種物質連接起來不使其分離，被肥皂乳化後的油以微小的粒子分散於水中而不分層。肥皂的這種性質，能顯著降低表面張力，這種化合物統稱為表面活性劑。由於肥皂和其他表面活性劑有這種性質，因此產生潤濕、滲透、乳化、分散、起泡和去汙等作用。

　　肥皂的化學成分是硬脂酸鈉，它能和硬水中的碳酸氫鈣反應，生成白色的沉澱物——硬脂酸鈣。所以用硬水洗衣服，會浪費肥皂，而自然水如：海水、河水、湖水、井

水，總是和石灰石打交道，大多數是硬水。在家裡最方便的軟化硬水方法，是把水煮一下，去掉碳酸氫鈣。

••••▶ 眼界大開

我們現在用的肥皂是從工廠的大鍋裡熬出來的。製作肥皂工廠的大鍋裡盛著牛油、豬油或者椰子油，然後加進燒鹼(氫氧化鈉或碳酸鈉)用火熬煮。油脂和氫氧化鈉發生化學變化，生成肥皂和甘油。因為肥皂在濃的鹽水中不溶解，而甘油在鹽水中的溶解度很大，所以可以用加入食鹽的辦法把肥皂和甘油分開。因此，當熬煮一段時間後，倒進去一些食鹽細粉，大鍋裡便浮出厚厚一層黏黏的膏狀物。用刮板把它刮到肥皂模型盒裡，冷卻以後就結成一塊塊的肥皂了。

藥皂和一般的肥皂差不多，只是加進了一些消毒劑。

香皂一般是用椰子油和橄欖油製造，並且加進了香料和著色劑，所以有散發出各種香味和五顏六色的香皂。甘油是製皂工業的重要副產品，甘油在國防、醫藥、食品、紡織等方面，都有很大的用途。

05.鐵盒出汗

　　水是我們的生命之源，我們離不開水。日常生活中，我們對水司空見慣，覺得它沒有什麼神奇的地方。那麼要問你水是由什麼組成的，又是誰最先揭開水組成之謎時，你是否也瞭若指掌呢？

　　英國有一個化學家喜歡看魔術表演，他就是卡文迪斯。

　　一天，卡文迪斯在路邊看見一個長頭髮的魔術師在表演「鐵盒出汗」，只見魔術師把氫氣通入一個擦乾的鐵盒裡，然後點燃，就看見鐵盒裡冒出一股股白煙來，接著是「啪」的一聲巨響。這時，魔術師立即拿起鐵盒對大家說：「大家看哪，鐵盒出汗啦！」

　　果然，剛才乾燥的鐵盒內出現了許許多多小水滴，這引起了卡文迪斯的好奇心，他回到實驗室，立即做起了實驗，把氫氣和氧氣混合在一起，然後點燃，結果發現，每次爆炸後，容器的四壁都出現了小水滴。

　　他非常納悶：「這些水是從哪裡來的呢？難道是容器

沒有擦乾造成的？」

　　卡文迪斯把容器一遍又一遍地擦乾，結果仍然是這樣。經過無數次的試驗和研究，結果發現：水是由氫元素和氧元素組成的。

···▶ **知識點睛**

　　純水是一種無味無色的液體，天然水多呈淺藍綠色。水的元素構成是氫和氧，其化學分子式用H_2O表示，是一個鍵能很強的偶極分子，這是H與O原子的電子層結構決定的。在H-O鍵中共價鍵成分很高，其形式是等腰三角形，兩個H-O鍵角為105°。

　　此外，水分子間分子鍵強大，使水具有較高的溶點和沸點。這一特性使得自然界的水在大多數的條件下以液態形態存在。離子鍵化合物在水中極易溶解。水中的各種溶質極易發生相互之間及其與水之間的各種化學反應，具有良好的對自然界物質的遷移、轉化能力。即具有很強的溶解力。

···▶

眼界大開

　　常溫下，水為液態。溫度改變時，水的體積變化也不

尋常，它在0℃～4℃範圍內，一反「熱脹冷縮」的普遍規律，而是在4℃時密度最大，高於或低於此溫度時，密度都較小，因此當水結冰時，體積反而脹大而變輕，所以冰浮在水面上。水的這一特性，對自然界水下生命的保護有著十分重要的意義，當冬季河流、湖泊冰封水面時，反而保護了水下生物的生存。

在一般液體物質中，除了汞以外，水具有的表面張力最大。植物透過水的毛細管作用獲得水分及養分，土壤也是透過毛細管作用來保持水分的。

06.侯氏制鹼法

我們平時吃的饅頭、麵餅等都離不開純鹼，因此，只靠天然的純鹼是不夠用的，這就出現了工業制鹼。

關於工業制鹼，我國最早的就是侯德榜發明的「侯氏制鹼法」，它的發明會有怎樣的歷程呢？

以前全世界的鹼生產都被英國壟斷，他們不向其他國家提供相關的技術，還任意抬高產品的價格，給包括中國在內的其他國家工業的發展，造成了巨大的阻礙。

當時，侯德榜在美國留學，期間來美國考察的化學工業的陳調甫感慨地對侯德榜說：「中國的化學工業很需要鹼，但我們沒有鹼的技術，就只能看著別人掐我們的脖子，讓我們受氣……」侯德榜聽後，暗下決心：一定要學會制鹼技術。

畢業後，侯德榜回國開始研究制鹼的方法，經過三年不懈努力，他終於探索出了一種制鹼的方法，打破了英美對新式制鹼法的技術封鎖，使工廠生產出了潔白的純鹼。

後來侯德榜認真地研究自己制鹼法的優缺點，反覆地

試驗，首次使用了一種自己想出的新方法，並配合一種合理的製作流程，大大節省了原料，降低了成本。

　　1939年，侯德榜終於發明了「侯氏制鹼法」。這種制鹼法被世界公認為當時的最高水準，「侯氏制鹼法」的名字永遠留在了科學史中，侯德榜也被世界稱為「制鹼大王」。

知識點睛

　　純鹼的化學學名是碳酸鈉，俗稱純鹼、蘇打。化學式為Na_2CO_3。

　　純鹼在常溫下是固體粉末，而它的結晶水合物是白色晶體，觀察到是白色小顆粒。

　　純鹼水解後水溶液呈鹼性，容易、能和碳酸根離子結合產生沉澱的陽離子作用。

　　它的結晶水合物是$Na_2CO_3.10H_2O$，易風化。

眼界大開

　　和純鹼易混淆的物質是碳酸氫鈉，化學式為$NaHCO_3$，俗稱小蘇打。經常用它當發酵粉做饅頭，食用小蘇打是呈白色粉末或細微結晶狀，無臭、易溶於水，微溶於乙醇，

水溶液呈微鹼性，受熱易分解，在潮濕空氣中緩慢分解。

此外小蘇打放置於空氣中，具有除去臭味、吸收濕氣的功能，放久了之後，還可以做清潔劑。

07.波爾多液

有一座城市裡的葡萄得了一種「葡萄露菌病」，果農們看著大片大片的葡萄死去，揪心萬分，卻束手無策。這時，突然傳來有一家的葡萄沒有得病的消息，果農們喜出望外，像找到救命仙丹一樣。

所有園主的葡萄都得病了，唯有一家倖免於難，這是為什麼呢？

波爾多是法國一個盛產葡萄的城市，當地人的主要經濟來源都是靠葡萄。他們的葡萄收成非常好，可是，有一年，葡萄因受到一種黴菌的影響，得了一種怪病：葉子就會像長黴一樣，變成白色的，藤蔓也跟著慢慢枯萎，嚴重的會帶來毀滅性的災難──顆粒無收。

當地人稱這種病叫「葡萄露菌病」。

第二年，大片大片的葡萄正在開花結果，豐收在望。可是無情的露菌病又向四周蔓延開來，果農們心急如焚、束手無策，只能眼睜睜看著葡萄枯萎。

正當果農一籌莫展的時候，傳來一個消息：有一家的

葡萄安然無恙。

　　果農們紛紛的向那位園主討教。結果園主也感到奇怪，茫然不知。這引起了米亞盧德的好奇心，「其他的葡萄都感染上露菌病，為什麼大路邊的葡萄卻安然無恙呢？」米亞盧德想。

　　為了瞭解原因米亞盧德找到了那個園主並對土壤、水源、環境等諸多因素進行了分析和研究，但結果令他失望──沒有發現絲毫異常的地方。

　　正當米亞盧德感到迷茫的時候，園主突然眼睛一亮：「由於我的園子在路邊，行人較多，為了防止人們亂摘，我便用石灰水和硫酸銅混在一起噴了噴葡萄，這是不是和它們有關係呢？」

　　聽了園主的一番話，米亞盧德趕緊回到實驗室研究起來，他將石灰水和硫酸銅溶液按不同比例混合後，噴灑到葡萄上，經過仔細地觀察，選定了一種最佳方案，配製出了第一批藥物。

　　這批農藥挽救了果農的葡萄，讓果農免去了大量的經濟損失。後來，米亞盧德為了紀念這座城市，就將藥物命名為「波爾多液」。

••••▶ 知識點睛

波爾多液，有效成分為鹼式硫酸銅，化學式為 $Cu_2(OH)_2CO_3$，是人們常用的一種殺菌劑，且可自行配製，成本低，效果好。波爾多液噴在植物表面後，使植物表面形成一層保護膜，其膜上密佈游離的銅離子，菌體或病原體落在植物表面，接觸銅離子，就失去了活性及生命力。這是由於離子可滲入菌體細胞與之結合，從而使其失去活力。但它對已侵入植物體內的病菌殺傷力較低。

••••▶ 眼界大開

石硫合劑也是農業生產上防治病蟲害的常用農藥之一，它與波爾多液有很多相同點，也有許多不同點，不同點主要表現在：

第一，波爾多液是一種保護劑，一般在果樹萌芽前使用，主要用於預防病菌浸染性危害。石硫合劑則是一種既能殺菌又有殺蟲作用的優良藥劑。一般於病害開始發生時使用，或在介殼蟲、蚜蟲發生期使用。

第二，波爾多液是硫酸銅、生石灰和水配成；石硫合劑是由硫黃粉、生石灰和水配製而成的。

第三，波爾多液須隨配隨用不能久存。而石硫合劑則

可以貯存在瓷器壇內，在其表面灑一層廢機油作保護層加蓋密封能存放15～20天。

　　第四，波爾多液只要先把硫酸銅溶解於水。然後倒入乳化好的石灰水中攪拌均勻，濾清雜質即可使用；而石硫合劑需熬煮。熬煮的方法是：先用水把生石灰水溶解，加水煮沸，然後慢慢加入調勻的硫黃粉，邊加邊攪拌，煮至藥液由淡黃色變為黃褐色，而且轉深赤褐色為止。

08.世界上最美味的湯

你喝過的湯裡,哪一種是最美味的,回答是黃瓜海帶湯的肯定少之又少,但有人說黃瓜海帶湯是世界上最美味的湯,是他懂得知足,還是他太餓,還是另有緣由呢?

「完了,忘記買做湯的菜了。」池田菊苗的妻子猛然想起來了,可現在去買菜又來不及了,丈夫馬上就要回來了。「沒有湯,丈夫肯定不高興。」妻子心裡很著急,情急之下,便將一根黃瓜切碎,和海帶放在一起做了一個黃瓜海帶湯。

池田菊苗回來了,妻子熱情地迎了上去。

池田菊苗脫了外套,洗了洗手便端碗吃了起來。「今天的湯太美味了。」池田菊苗說道。

妻子有點納悶,以為丈夫在說反話,就把實情說了出來。池田菊苗很驚訝:世界「第一」美味的湯是這樣做的?妻子也嘗了嘗,的確這湯比平時的好喝多了。「你還放了別的調料了嗎?」,「沒有啊,只放了點鹽。」夫妻倆一問一答起來。

最後，池田菊苗拿了一包海帶去了實驗室進行分析，最後終於發現湯之所以美味，是因為海帶裡含有一種叫「谷氨酸鈉」的物質。

池田菊苗叫它味元素，即我們常說的味精。

▶ 知識點睛

味精，又叫谷氨酸鈉，為無色或白色結晶或結晶形粉末，有特殊鮮味，是烹飪常用的調味品，食用過多，有害無益。

因為大量攝入味精，會使血液中谷氨酸含量升高，從而限制了人體所需的鈣、鎂離子的利用，會造成暫時性頭痛、心悸、噁心等不適。味精還會誘發癌症，對人的生殖系統也有不良影響。因此，味精不宜食用過多。成人每日攝入量最好不超過6克。孕婦和孩子更應少食，甚至不食。

▶ 眼界大開

1921年，中國化學工程師吳蘊初，發明了一種提取谷氨酸鈉的新方法——水解法，成功地提取出谷氨酸鈉，並取了一個中國式的名字「味精」。

　　1923年，吳蘊初與實業家張逸雲等人合作建立了中國的第一個味精廠——天廚味精廠，向市場推出了「佛手牌」味精。

　　1956年，日本的協和發酵公司又發明了一種生產味精的新工藝——發酵法。他們利用短桿菌的發酵，將糖、水分、尿素轉化成谷氨酸鈉。

　　1964年，日本科學家又發明了「強力味精」。這種味精的鮮度是原來味精的160倍。

09.防震玻璃

　　我們知道防彈玻璃摔不碎，但有一種「普通」的玻璃瓶也摔不碎，這是為什麼呢？

　　1904年夏天的一個夜晚，法國化學家貝奈第特斯像往常一樣，做完一個實驗後，就整理一下藥品架，誰知一不小心，「啪」的一聲，一只藥瓶掉到地上。

　　他連忙俯下身子去撿，奇怪的是，藥瓶一點也沒有破，只是上面有一些裂紋。

　　這引起了貝奈第特斯的關注：「那只瓶子難道是什麼特殊的材料做成的？為什麼沒有摔碎？用它來做車窗玻璃該多好啊！」

　　於是，貝奈第特斯拿著那個小瓶子在燈光下，像看什麼「古董」似的顛來倒去地觀察，可還是沒有看出什麼名堂來。

　　他百思不解，又找來其他的小瓶子進行比較、觀察和試驗，終於找到了原因。

　　原來，這只小瓶子裡，曾經盛過硝化纖維的乙醚溶

液，時間長了，乙醚蒸發後，留下的硝化纖維形成一層膠膜，這層薄膜像一層皮一樣，牢牢地黏合在小瓶子的內壁上，所以，藥瓶玻璃碎片被這層皮拉住了。

　　這個發現給貝奈第特斯帶來啟示：一塊玻璃有這麼堅固的力量，那麼兩塊合在一起呢？

　　於是，他將兩塊玻璃中間塗上一層硝化纖維薄膜，後來經過無數次的研究，終於研製出世界上第一塊高效能的防震玻璃。

▶ 知識點睛

　　乙醚是古老的合成有機化合物之一，無色易燃液體，極易揮發、氣味特殊，分子式：$C_2H_5OC_2H_5$。能與乙醇、丙酮、苯、氯仿等混溶。

　　與10倍體積的氧混合成的混合氣體，遇火或電火花即可發生劇烈爆炸，生成二氧化碳和水蒸氣。

　　長時間與氧接觸和光照，可生成過氧化乙醚，後者為難揮發的黏稠液體，加熱可爆炸，為避免生成過氧化物，常在乙醚中加入抗氧劑。

　　性穩定，其蒸氣在450℃以下不發生變化，550℃時開始分解。100℃以下，與酸、鹼不起作用。與三氟化硼

作用形成乙醚化的三氟化硼,在烴基化、醯化、聚合、失水、縮合等反應中用作催化劑。可直接氯化(冷卻下)生成一氯、多氯和全氯醚。

工業上,乙醚可由乙醇在氧化鋁催化下,於300℃失水製得。

⋯▶ 眼界大開

1832年,法國人H‧布拉孔諾在一次實驗中,棉布圍裙被硫硝混酸弄濕,於是清洗後用手提著在壁爐邊烤乾。就在即將乾燥的時候,眼前一亮,圍裙不見了。原來,棉布中的纖維素已經被硝酸酯化為纖維素硝酸酯。

1846年,化學家舍恩拜因使用硝-硫混酸製出了硝酸纖維素,並對其性能進行了研究。

它是一種白色的纖維狀物質,物理性質與棉花基本相同;它的爆炸威力比黑火藥大2~3倍,可以用於軍事,所以被稱為「火棉」。

不過,火棉的燃爆速度實在是太快了,甚至高於苦味酸。如果製成炮彈,那麼在發射出炮筒之前就會爆炸,非常不安全。

但是,用醇-醚混合溶劑處理並碾壓成型後,其燃爆速度就能明顯減慢,可以用作槍彈、炮彈的發射藥或者固

體火箭推進劑的成分。

硝化纖維的爆炸反應方程式為：

$2(C_6H_7O_{11}N_3)n = 3nN_2\uparrow +7nH_2O\uparrow +3nCO_2\uparrow +9nCO\uparrow$

由於其爆炸不產生任何煙塵，所以也被稱做「無煙火藥」。學名纖維素硝酸酯，舊稱硝化纖維、硝化棉。

10.變紅的紫羅蘭

紫羅蘭又叫草桂花，屬十字花科，多年生草木，一般為紫色花朵。

有一個英國人在市場上買了一束紫羅蘭，拿回家以後卻變成了紅色，這是為什麼呢？有一天，波義耳突然覺得實驗室裡應該擺上一些花草，這樣不僅能淨化空氣，還會賞心悅目，讓自己有一個舒適的工作環境。

於是他便買了一束紫羅蘭插在花瓶裡，這時，他的助手拿了幾瓶鹽酸進來，在花瓶附近，助手將鹽酸倒進小玻璃瓶裡，只見一股煙霧立即在室內彌漫開來，波義耳見狀害怕濃霧會腐蝕花兒，就把花兒放在清水裡洗了洗，忽然，他發現一種有趣的現象：紫羅蘭變成了紅色的。

他簡直不敢相信自己的眼睛，揉一揉，沒錯，是變成了紅色，波義耳不禁驚叫一聲，而後陷入了沉思之中，「會不會是在鹽酸的作用下才改變顏色的呢？」他讓助手趕緊又買了幾束回來，試了一下，果然沒錯。

「既然花能變色，那麼葉子呢，根、莖呢，會不會也

能變色？」波義耳又陷入了沉思中。

於是他趕緊和助手一起收集了許多植物的葉子、根莖，將它們的汁液提出來進行試驗，發現所有的植物都會變色。

這給了波義耳很大的啟示，後來波義耳發明了檢驗酸溶液的石蕊試紙。

⋯⋯▶ 知識點睛

指示劑，是能以本身顏色的變化來顯示某種化合物的存在或溶液某些性質(如酸、鹼性)的改變的一類物質。如石蕊、酚等。

把石蕊試液，經過濾紙浸透、晾乾、切成條狀，製成了石蕊試紙。

只要用石蕊試紙往溶液裡一蘸，就能立即檢驗出這種溶液是酸性還是鹼性的了，使用起來非常方便。

⋯⋯▶ 眼界大開

酸鹼指示劑是一類在其特定的pH值範圍內，隨溶液pH值改變而變色的化合物，通常是有機弱酸或有機弱鹼。

當溶液pH值發生變化時，指示劑可能失去質子由酸色成分變為鹼色成分，也可能得到質子由鹼色成分變為酸色成分；在轉變過程中，由於指示劑本身結構的改變，從而引起溶液顏色的變化。

　　指示劑的酸色成分或鹼色成分是一對共軛酸鹼。

11.雨衣的由來

下雨天，我們經常撐雨傘，如果步行，這很方便，但如果騎自行車、摩托車撐雨傘就不方便了，這時，我們會想到雨衣，那麼雨衣是怎麼來的呢？

夏季的一個下午，天下起大雨，下班了，別人都撐著雨傘回家了。

可麥金杜斯卻沒有帶傘，他站在廠房門口等待著雨停下來，天越來越黑，雨不但沒有停還越下越大，沒辦法，麥金杜斯只好拿起自己的工作服，往身上一穿，就衝了回家。

一到家，麥金杜斯就把工作服脫了下來，令他驚奇的事情發生了：裡面的衣服居然一點沒濕，這是怎麼回事呢？麥金杜斯帶著疑惑拿起了那件工作服仔細端詳起來。

原來他的這件工作服已經穿了好長時間，上面濺了很多橡膠溶液，就好像塗了一層防水膠，雖然樣子難看，卻不透水，好奇的麥金杜斯又試驗一遍，連忙用勺子舀點水，往塗有橡膠液的地方滴，水不但沒有滲進去，卻還順

勢滾了下來。

　　麥金杜斯靈機一動，找了一件衣服，把它全部塗上橡膠溶液做了一件雨衣。

　　就這樣世界上第一件雨衣問世了。

····▶ 知識點睛

　　橡膠主要分為天然橡膠和合成橡膠，合成橡膠的主要成分除樹脂外，還加入一定量的增塑劑、穩定劑、潤滑劑、色料等。

　　天然橡膠是由膠乳製造的，膠乳中所含的非橡膠成分有一部分就留在固體的天然橡膠中。一般天然橡膠中含橡膠烴92%～95%，而非橡膠烴占5%～8%。

····▶ 眼界大開

　　塑膠與橡膠同屬於高分子材料，主要由碳和氫兩種原子組成，另有一些含少量氧、氮、氯、矽、氟、硫等原子，其性能特殊，用途也特別。

　　在常溫下，塑膠是固態，很硬，不能拉伸變形。而橡膠硬度不高，有彈性，可拉伸變長，停止拉伸又可恢復原狀。

　　這是由於它們的分子結構不同造成的。另一個不同是塑膠可以多次回收重複使用，而橡膠則不能直接回收使用，只能經過加工製成再生膠，然後才可用。

　　塑膠在100℃～200℃時的形態與橡膠在60℃～100℃時的形態相似。塑膠不包括橡膠。

12.哥倫布的禮物

哥倫布發現了新大陸，並從那裡帶回了黃金、棉花、動物和一個奇怪的小黑球，後來這個小黑球被送到博物館，陳列在展示櫃裡，作為哥倫布帶回的新奇物品供人們觀賞，那麼這個小球是什麼東西呢？

哥倫布是西班牙著名的航海家，也是地圓說的信奉者。

1492年，哥倫布受西班牙國王派遣，率領三艘百十來噸的帆船，從西班牙巴羅斯港揚帆出大西洋，直向正西航去。經70晝夜的艱苦航行，終於發現了新大陸。

1493年，哥倫布重游新大陸時，來到了加勒比海附近的海地島，上島後，哥倫布看見一群小孩子在玩遊戲，只見他們把一個黑色的小圓球扔來扔去，圓球落地後還會彈得很高，這讓他覺得非常有趣，於是他也玩了玩，的確，這種小球球很富有彈性。回西班牙時，哥倫布順便也把它帶回來了。

當時人們不知道這是什麼東西，只知道是哥倫布帶回

來的新奇物品。直到後來人們才知道那是一種天然的橡膠。

知識點睛

天然橡膠是由人工栽培的三葉橡膠樹分泌的乳汁，經凝固、加工而製得，其主要成分為聚異戊二烯，含量在90%以上，此外還含有少量的蛋白質、脂酸、糖分及灰分。天然橡膠按製造工藝和外形的不同，分為煙片膠、顆粒膠、縐片膠和乳膠等。

天然橡膠是重要的工業生產原料和戰略物資，它是橡膠樹上採集的樹膠經過過濾、凝固製成，天然橡膠被廣泛應用於輪胎膠帶、輸送帶、醫療用品及儀器工業。

全世界有24個國家生產天然橡膠，按產量多寡排列依次是泰國、印尼、馬來西亞、印度、中國大陸、菲律賓、越南、尼日利亞、斯里蘭卡。主要出口國為泰國、馬來西亞、印尼。大陸天然橡膠產地主要分佈在海南、雲南、廣西、廣東，其中海南膠占60%左右，且基本為標準膠。天然橡膠主要消費國為美國、日本、中國大陸、印度、韓國、馬來西亞、德國、法國、泰國、巴西、英國等。主要進口國為美國、日本、中國大陸和西歐各國。

古德伊爾出生在美國康涅狄格州的紐黑文市，古德伊爾30歲前曾幫助父親經營五金業，後來破產，於是他改行製作和改良橡膠產品。

一次，古德伊爾用橡膠和青銅製品配在一起製作裝飾品時，青銅製品則發生裂口。為了除去橡膠中的青銅渣，他將橡膠整塊放在硝酸中熱煮，以便使青銅溶出，但意外的是此時橡膠的黏性沒有了。

這次偶然事件中的發現，開拓了用硝酸改進橡膠品質的方法。

1839年2月，他將橡膠和硫黃與松節油混溶在一起，將其倒入帶把的鍋內，邊拿著鍋邊和朋友交談，突然鍋從手中脫落，鍋中的混合物即掉在燒得通紅的爐子上，這一塊橡膠本應受熱後溶化，但並未溶化，卻保持原態而燒焦。他認為：這種燒焦的過程，如果在適當的時候能予以制止的話，那一定會形成不粘的橡膠混合物。

後來進行了多次試驗，他確立了橡膠加硫的新方法。

13.化學家不洗手的後果

　　有一杯香甜的葡萄酒，到了化學家的手裡就變得酸溜溜的，是化學家在玩魔術，還是別人在惡作劇？

　　今天是柏齊利阿斯的生日，一大早，妻子就告訴他早點回家，準備慶祝一下。做完實驗，柏齊利阿斯就急忙趕回家。

　　一進門，朋友們便紛紛圍上來，舉杯慶賀。他沒有洗手，就接過酒杯，一飲而盡。當他用手抹了一下嘴角時，突然對妻子驚叫一聲：「你怎麼把醋當成葡萄酒給我喝了？」

　　聽到他的大叫聲，朋友們一下子愣住了，「這怎麼可能呢？這杯子裡是葡萄酒呀！」大家你看看我，我看看你，一時都不知所措。

　　「沒有啊，你是不是味覺出錯了。」妻子委屈地說。

　　接著，大家又斟了一杯品嘗品嘗，確實是又香又甜的紅葡萄酒呀！

　　柏齊利阿斯又隨手倒了一杯，喝了一口還是酸溜溜

的。他讓妻子嘗試一下，妻子喝了一口：「我的天啊，好酸啊！」

「甜甜的酒，怎麼會變成酸的呢？」大家覺得很納悶。

柏齊利阿斯也覺得很奇怪，自己看了看杯子，才發現自己雙手沾滿了鉑黑粉末。「肯定是因為自己沒有洗手，手上的粉末掉進了酒裡。」這樣想著，柏齊利阿斯便對朋友和妻子撒了個小謊，又回到了實驗室，迫不及待地研究起來。

原來，把紅的葡萄酒變成醋酸，是鉑黑粉末作的「怪」。它能使乙醇(酒精)與空氣中的氧氣發生化學反應，生成醋酸。粉末起了催化作用，就這樣，「催化劑」被發明了。

••••▶ 知識點睛

催化劑分正負兩種，能使化學反應速度加快的催化劑，叫正催化劑。相反，能使化學反應速度減慢的催化劑，叫負催化劑。

••••▶ 眼界大開

古時候，人們就已利用釀酒、製醋；中世紀時，煉金

術士用硝石作催化劑以硫黃為原料製造硫酸。1835年，貝采里烏斯首先採用了「催化」這一名詞，並提出催化劑是一種具有「催化力」的外加物質，在這種作用力影響下的反應叫催化反應。這是最早的關於催化反應的理論。

1812年，基爾霍夫發現，如果有酸類存在，蔗糖的水解作用會進行得很快，反之則很緩慢。而在整個水解過程中，酸類並無什麼變化，它好像並不參加反應，只是加速了反應過程。同時，基爾霍夫還觀測到，澱粉在稀硫酸溶液中可以變化為葡萄糖。

1838年，貝采里烏斯提出，在生物體中存在的那些由普通物質、植物汁液或者血而生成無數種化合物，可能都是由此種類似的有機體組成。後來，居內將這些有機催化劑稱為「酶」。

1850年，威廉米透過研究酸在蔗糖水解中的作用規律，第一次成功地分析了化學反應速度的問題，從此開始了對化學動力學的定量研究。

1862年，聖‧吉爾和貝特羅發現無機酸作為一種催化劑可以促進兩個反應向任一方向進行的反應速度。

14.世界上第一根火柴

　　原始社會，人類過的是茹毛飲血的生活，偶然的一場自然大火，讓人類認識了火的益處，於是開始保存火種，用石頭相互摩擦生熱點火，但這些做起來都非常困難。那麼，怎樣才能更容易呢？火柴便應運而生，那麼火柴是怎樣發明的呢？

　　約翰·沃爾克喜歡打獵，有一次為了試製獵槍上的發火藥，他費了好大工夫找了一根小木棍，然後他把金屬銻和鉀混在一起，用小棍子進行攪拌。

　　拌好後，他想把小棍子上沾的東西弄乾淨，以便以後可以再用。於是，他就把小棍子在地上不停地蹭來蹭去，突然「啪」的一聲，冒出一股火苗，木棍也跟著燃燒起來。

　　約翰·沃爾克被這突如其來的情況嚇了一跳，但隨後，他頭腦裡立即閃出這樣一個念頭：「要是能用這種辦法來製成火柴保存起來。需要時，拿來輕輕一劃，就有火了，那該多好啊！」

於是他開始了認真的研究，後來，終於製造出了火柴——那種摩擦火柴，也是世界上第一根火柴。

知識點睛

火柴棒上主要含有氯酸鉀、二氧化錳、硫黃和玻璃粉等。火柴棒上塗有少量的石蠟。火柴盒側面由紅磷、三硫化二銻、黏合劑組成。火柴著火的主要過程是：

1、火柴頭在火柴盒上劃動時，產生的熱量使磷燃燒。

2、磷燃燒放出的熱量使氯酸鉀分解。

3、氯酸鉀分解放出的氧氣與硫反應。

4、硫與氧氣反應放出的熱量引燃石蠟，最終使火柴棒著火。

眼界大開

火柴的種類非常多：

一是抗風火柴。這種火柴經過特殊加工處理後，即使在十級大風裡點燃也不會被吹熄，非常適合在野外探險、考察中使用。

二是芳香火柴。這種火柴棒是用香精、玫瑰油、檀香

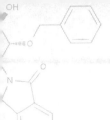

油等浸泡或薰蒸過，點燃時不會產生有害氣體二氧化硫，卻會散發出令人愉快的香味。

三是高溫火柴。火柴頭用四氧化三鐵、鋁粉和鎂粉等混合劑作為藥頭，點燃時能產生攝氏1200度的高溫，在停電時還能焊接電線、水壺、搪瓷盆等。

四是多次使用火柴。普通的火柴燃燒後便丟棄，不僅浪費資源，而且影響環境，現在人們發明一種能多次使用的火柴，分內外兩層，可以多次劃燃使用。奧地利工程師裴迪南·尼赫發明一種新型的多次使用火柴，一根火柴竟然能用600次，節省了大量木材。

可惜，作為商業機密，配製方法至今仍不為外人所知，瑞士、芬蘭等國家的「火柴大王」用了各種計謀也沒有破解出「祕方」。

15.人造血液

　　日本醫學教授——內藤良一，在1978年2月發明了人造血液，這種血液在醫學界被認可，並在救死扶傷中發揮了巨大作用。但是他是受到誰的啟示才研究出人造血液的呢？

　　利蘭・克拉克是一位美國科學家，有一次他專心致志做實驗的時候，一隻老鼠掉進了氟化碳溶液的大瓶子裡。這一切，專心的克拉克竟然沒有察覺，等他發現時，已經是半小時以後的事了。克拉克趕緊去撈，但小老鼠居然還活著，這讓克拉克非常震驚。

　　為了弄清楚老鼠在溶液裡淹不死的奧祕，克拉克又捉來一些小老鼠，把它們浸入溶液的深處。

　　午飯後，才把這些小老鼠從溶液裡撈上來，結果發現，這些浸泡在溶液裡三個小時的小東西，不但沒死，還忽閃著一雙小眼睛，盯著克拉克。

　　如果把這個結果應用到醫學上，一定有很大的價值。於是，克拉克把小老鼠的遭遇和自己的想法在報紙上發表

了。這引起日本一位醫學教授的關注，後來這位教授經過大量的試驗發明了人造血液。

▶ 知識點睛

「人造血」是一種人造的氟碳化合物溶液，其中包含的成分也非常複雜。除了氟碳化合物為主要溶質外，還有甘油、卵酸酯、氯化鈉、氯化鉀、氯化鈣、碳酸鈉、葡萄糖等一系列物質。把它注射到失血人的體內，能代替一部分血液維持生命活動。

「人造血」沒有血型，任何血型的人都可以輸，還可以像生產針劑那樣進行大批工業化生產，能保存3年，輸氧能力比真血高2倍。

▶ 眼界大開

人造血液代替天然血液用於搶救病人，挽救了許多人的生命。由於人造血液是白色的，所以人們稱它為「白色血液」。

1979年，一種新型的氟碳化合物乳劑作為人造血液，首次在日本應用於人體腎臟移植手術，並取得成功。時隔不久，美國也報導了人造血液給一位信仰宗教、拒絕

輸血的老人治療血液病獲得成功。

1980年8月，大陸科學工作者也成功研製了人造血液，它是氟碳化合物在水中的超細乳狀液。這種奇妙的白色血液注入人體後，和人體正常血液中的紅血球一樣，具有良好的攜氧能力和排出二氧化碳的能力，可以説，它是一種紅血球的代用品。

氟碳化合物像螃蟹的螯那樣，能夠把氧抓住，在人體裡再把氧氣放出來，進行人體裡的特種氧化還原反應。它的生物化學性質十分穩定，不管哪種血型的人，都能使用人造血液。

人造血液與人體內的血液相比，還是有許多缺點，比如它不能輸送養分，也沒有凝固血液的本領，更沒有對抗外界感染至關重要的免疫能力，因此要研究出像人的血液那樣的代用品，還要經過很大的努力。

Chapter 4

化學與生活

　　衣、食、住、行是人類日常生活最基本的需要，也是人類生存的基本保證。

　　隨著生活水準的日益提高，化學開始滲透到生活的各個方面，例如，在切洋蔥時流淚與洋蔥的化學成分有關，燒菜時味精不宜早放，是因為高溫時味精容易分解生成有毒的谷氨酸鈉，炸油條時會膨脹是與化學反應有關，等等，所有的一切説明化學無處不在，無處不有，這也在一定程度上説明，化學讓生活變得更有趣。

01.消失的酒

有一個酒鬼在自己配酒的時候，發現酒少了許多，但屋裡就他一個人，中間也沒有人進來過，他自己也沒有喝，那麼難道是酒長了翅膀飛走了嗎？

在一個偏僻的小鎮，有一個酒鬼，一天三餐都少不了酒。但由於生活拮据，買不起酒，好在祖上以前做酒生意，配酒他也會一點點，於是他就自己配酒喝。

有一次，他配完一種烈性酒後，發現酒好像少了。於是他準備做一下試驗，他先用量筒量出260毫升95%的酒精，接著又量出240毫升的蒸餾水。當他把這些酒精和蒸餾水混合在一起的時候，發現這些酒不是500毫升，用量筒量了量，呀，是486毫升！為什麼少了14毫升呢？

原來在稀釋配製的過程中，酒精悄悄地蒸發了。酒精稀釋時會產生熱量，一部分酒精就變成蒸氣不知不覺地「溜」到空氣中了，人的肉眼是看不出來的。

⋯⋯▶ 知識點睛

乙醇分子由烴基($-C_2H_5$)和官能團羥基($-OH$)兩部分構成，其物理性質(熔沸點、溶解性)與此有關。

乙醇是無色、透明、有香味、易揮發的液體，熔點-117.3℃，沸點78.5℃，比相應的乙烷、乙烯、乙炔高得多，其主要原因是分子中存在極性官能團羥基($-OH$)。

密度0.7893g/cm³，能與水及大多數有機溶劑以任意比混溶。工業酒精含乙醇約95%。含乙醇達99.5%以上的酒精稱無水乙醇。

含乙醇95.6%、水4.4%的酒精是恒沸混合液，其沸點為78.15℃，其中少量的水無法用蒸餾法除去。製取無水乙醇時，通常把工業酒精與新製生石灰混合，加熱蒸餾才能得到。

⋯⋯▶ 眼界大開

乙醇是「酒」的主要成分，而不是酒精的主要成分，因為它的俗名就叫做「酒精」，對人體無害。

甲醇是工業酒精的主要成分，化學式是CH_3OH，為無色可燃的液體，有類似酒精的氣味，沸點65℃，跟水

能以任意比例混溶。

　　甲醇有毒，飲用10毫升，就能使眼睛失明，再多可使人中毒致死。

　　甲醇是優良的有機溶劑，還是製造甲醛等的原料。甲醇可以掺入汽油或柴油中作為內燃機燃料。

　　由於合成氣用焦炭(煤乾餾的產品)製備，用甲醇做燃料可以節省石油資源，而且甲醇燃燒產物不污染環境。

02.樟腦丸不翼而飛

放學回家，就看見媽媽翻箱倒櫃，原來她在找放在櫃子裡的樟腦丸，可是卻不見了，你知道這是怎麼回事嗎？

「跑哪兒去了？明明放在這裡了呀。」

麗麗一放學，就聽到媽媽自言自語，只見媽媽翻箱倒櫃地找東西。

原來，去年媽媽怕衣櫃裡的衣服被蟲子咬壞，就買了幾個樟腦丸放在箱子裡。現在衣服該穿了，就去拿，結果一開箱只聞到一股刺鼻的氣味，而樟腦丸卻不見了，媽媽正在四處找它呢？

麗麗知道了緣由，「撲哧」一聲笑了，他告訴媽媽，樟腦丸就是萘，是從又黑又臭的煤油中提煉出來的。放的時間久了，就會變成氣體，所以會找不到。

媽媽聽了非常驚訝，直誇麗麗聰明，麗麗自豪地說：「這都是從化學書上學來的。」

知識點睛

樟腦丸主要化學成分是，是無色片狀晶體，熔點80.5℃，沸點218℃，有特殊的氣味，易昇華，不溶於水，易溶於熱的乙醇和乙醚。

在乙醇和鈉的作用下，很容易被還原成1，4-二氫，或1，2，3，4-四氫。若要進一步還原，則需要更強烈的條件，如在1216～1520千帕下，用催化氫化法可直接得到十氫。十氫有兩種構象異構體，即兩個環己烷分別以順式或反式相稠合。順式的沸點194℃，反式的沸點185℃。

比苯容易氧化，根據反應條件可得到不同的氧化產物。例如，在醋酸溶液中用氧化鉻進行氧化，其中一個環被氧化成，但產率很低。在強烈條件下氧化，則其中一個環被氧化破裂，生成鄰苯二甲酸酐。鄰苯二甲酸酐是一種重要的化工原料，它是許多合成樹脂、增塑劑、染料等的原料。取代的氧化時，哪一個環被氧化破裂，取決於環上取代基的性質。

氧化時，兩個環中電子雲密度較高的環，也就是比較活潑的環易被氧化破裂，生成鄰苯二甲酸或其衍生物。這也說明是由兩個苯環共用兩個相鄰原子而成的。

⋯⋯▶ 眼界大開

　　有一種因遺傳缺陷造成的溶血性貧血患者，平時無任何症狀，一旦接觸到萘酚類物質，就會發生急性溶血性貧血，重者可發生黃疸，特別多見於新生兒。此外，化纖織物能與樟腦丸發生化學反應，使纖維膨脹，織物溶化，產生破洞。

　　漂白淺色的絲織品及嵌有「金」、「銀」線。樟腦丸的酚類物質，經空氣氧化變成類化合物，能使淺色衣服變色。因此，收藏嬰幼兒衣服、化纖織物及絲綢服裝時，均不宜放樟腦丸。

03.蒸饅頭的技巧

　　玲玲看見媽媽在饅頭上「澆水」，就問媽媽是怎麼回事，但媽媽也不是很清楚，只知道放點「水」饅頭就好吃了，那麼你知道這是怎麼回事嗎？

　　今天是週末，玲玲不用去上學，但又不知道該做些什麼，就坐在小板凳上發呆。

　　媽媽在蒸饅頭，快熟的時候，只見媽媽聞了聞，就在上面撒了些「水」，蓋上蓋子又蒸了一會。無聊的玲玲覺得非常奇怪，就跑過去問媽媽為什麼要澆水。

　　媽媽告訴他，這是因為饅頭有點酸，撒上一點鹼水再蒸一會兒就不會酸了，具體是什麼原因，媽媽也不清楚。玲玲就又跑去問爸爸。

　　原來酸鹼可以發生中和反應，饅頭酸時，放點鹼，酸味會消失。饅頭發黃，放點醋即可。

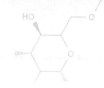

知識點睛

澱粉$(C_6H_{10}O_5)n$在酵母的催化下與水作用生成葡萄糖$C_6H_{12}O_6$，而葡萄糖會變成乳酸$(C_3H_6O_3)$，所以饅頭會發酸。化學式如下：

$(C_6H_{10}O_5)n + H_2O$催化劑$nC_6H_{12}O_6$，$C_6H_{12}O_6$ $2C_3H_6O_3 +$能量

眼界大開

賣饅頭的，為了饅頭潔白好看，就用硫黃熏，這樣看起來好看，但對人體是有害的。因為硫與氧發生反應，產生二氧化硫，遇水產生亞硫酸。亞硫酸對胃腸有刺激作用，而且會破壞維生素B1，又影響鈣的吸收。工業的硫黃含有砷，容易發生砷中毒。

04.鹹鴨蛋流油

把醃製的鹹鴨蛋切開後，會看見一滴一滴的黃色物質流下來，這種液體是油，其實醃雞蛋也有油，只是沒有鴨蛋的明顯而已，那麼，你知道為什麼鹹蛋會流油嗎？

一個賣鹹鴨蛋的人喊著：「鹹鴨蛋，兩塊錢三個，不流油不要錢了。」有位中年婦女走過來，問道：你幫我切一個看看，好就多買幾個。賣鹹鴨蛋的樂呵呵地拿了一個，從中間切開，只見黃燦燦的油一滴一滴地往下流。

有時候，剝鹹鴨蛋時會流油。有些小孩子見了都很驚訝，天真地說鹹鴨蛋流眼淚了呢，那麼這到底是怎麼回事呢，蛋裡怎麼會有油呢？

原來蛋類都含有脂肪，這些脂肪99%以上都集中在蛋黃裡。當鴨蛋放到鹽水裡醃製以後，由於蛋黃裡脂肪比較集中，鹽又有一個特殊的本領——使蛋白質凝固，蛋黃裡原有的那些微小的小油滴因鹽的作用，會凝聚在一起，變成大一些的油滴。

當鹹鴨蛋放在開水中煮熟以後，蛋白質凝成了塊，凝

成了大油滴，剝開一看，整個蛋黃就變得金燦燦，還往外流油。

····▶ 知識點睛

蛋白質是含氮的生物高分子，分子量大，結構複雜。如，血紅蛋白的分子式是$C_{3032}H_{4816}O_{812}N_{780}S_8Fe_4$。蛋白質的基本組成單位是氨基酸，蛋白質分子的物理、化學特性由氨基酸的立體結構決定。一種很特殊的蛋白質稱為。

脂肪不能用化學式表示，主要成分為高級脂肪酸的甘油酯。油是不飽和脂肪酸的甘油酯或脂肪酸的不飽和甘油酯(甘油有三個「−OH」)，脂肪是飽和脂肪酸的飽和甘油酯(脂肪酸也不可能是一種)也是混合物。

····▶ 眼界大開

蛋白質一詞由19世紀中期荷蘭化學家莫爾德命名。蛋白質分子中含有碳、氫、氧、氮，還有硫和磷。蛋白質是人體氮的唯一來源。

05.煎中藥的技術

煎中藥時，人們一般都不用鋼、鐵、鋁等金屬器皿，而是用沙鍋或瓷鍋，這裡面有什麼科學根據嗎？

倩倩的媽媽生病了，醫生開了很多草藥，醫生再三叮囑媽媽，熬藥時不要用金屬鍋，要用瓦罐。因家裡沒有瓦罐，農村有種風俗：藥罐子是不能借的，去買吧，一時又難以買到。

於是，媽媽就用鐵鍋熬了，覺得這也沒什麼區別。可當媽媽掀開鍋蓋的時候傻眼了，只見草藥變成了黑麻麻渣子，水也熬乾了。

原來鐵和草藥發生了化學反應，所以草藥變黑了。其次，鐵鍋傳熱快，水很快就會沸騰，所以不久水就變成水汽「逃」走了。

····▶ **知識點睛**

草藥中一般含有鞣酸。鞣酸遇到金屬時，會產生化學

153

反應，生成不溶於水的鞣酸鹽。

由於中藥中的鞣酸受到破壞，從而影響藥效。

⋯⋯▶ 眼界大開

鞣酸分子式是$C_{76}H_{52}O_{46}$，別名鞣質、單寧、單寧酸，系由五倍子中得到的一種鞣質。為黃色或淡棕色輕質無晶性粉末或鱗片，有特異微臭，味極澀。

溶於水及乙醇，易溶於甘油，幾乎不溶於乙醚、氯仿或苯。其水溶液與鐵鹽溶液相遇變藍黑色，加亞硫酸鈉可延緩變色。為收斂劑，能沉澱蛋白質，與生物鹼、及重金屬等均能形成不溶性複合物。

06.辨別布料

市場上，有各式各樣花花綠綠的布料，那麼你知道如何鑒別它們都是些什麼布料嗎？

市場上，車水馬龍，人來人往。在一家布藝店，一個中年婦女在看布料。花花綠綠的布料讓這位中年婦女看得眼花繚亂，她左摸摸右摸摸，不知道在做什麼，這時賣布的男子走了過來，笑著問：「大姐，我能幫您什麼嗎？」

「這都是些什麼料子啊，我怎麼看不出來？」中年婦女疑惑地問。

只見賣布的男子不慌不忙地掏出打火機，誠懇地說：「這個燃得很慢的，是羊毛料；燒得最快的是棉布料；這個不容易燒的，而且一燒就熔化變黑的，是尼龍的。您看還需要什麼嗎？」中年婦女看得傻眼了，賣布人的本領可真大啊。

原來，這些布料所含的纖維組織不同，所以燃燒的情況也會不同。

賣布人正是利用的此點來辨別布料的。

生活中各種纖維的燃燒情況：

1、天然纖維

棉纖維：遇火立即燃燒，燃燒速度很快，發出黃色的火焰，稍有灰，白色煙霧，有燒紙的氣味，離開火焰仍然繼續燃燒。吹熄火焰後仍有火星延燃，但延續時間不長。燃燒後能保持原纖維束形狀，手觸易碎成鬆散的灰。灰燼呈灰色細軟粉末，纖維的燒焦部分成黑褐色。

羊毛：接觸火焰不馬上燃燒，先捲縮，後冒煙，然後羊毛起泡燃燒，火焰呈橘黃色。燃燒速度較棉纖維慢。離開火焰即停止燃燒，不延燃。燃燒時散發出似燒焦頭髮和羽毛的氣味。灰燼不能保持羊毛束原形，而是具有光澤的黑褐色的脆性狀物，圓球形或無定形，用手指一壓就粉碎。灰燼數量較多。

蠶絲：燃燒時先捲縮成團，燃燒速度比棉慢。燃燒散發的氣味與羊毛相似，但較為輕微。燃燒後的灰燼顏色比羊毛稍淡，呈黑褐色小球，用手指一壓就碎。

2、化學纖維(人造纖維和合成纖維)

滌綸：與火焰接觸時，先引起捲縮熔融，然後燃燒，

邊燃燒邊往下滴熔融物。黃白色明亮火焰，焰邊呈藍色，燃燒時火焰頂有黑煙。纖維束離開火焰，即停止燃燒。灰燼呈黑褐色的玻璃狀硬塊，手指能壓碎。

錦綸：接近火焰可引起纖維收縮。接觸火焰後，纖維迅速捲縮熔融，同時有小氣泡。熔融的透明膠狀物，如趁熱用針挑動，可拉成細絲狀。燃燒時有邊緣呈藍色的橘黃色或無火焰。離開火焰立即停止燃燒，有燒火漆和芹菜的氣味。燃燒後纖維端呈淺褐色玻璃狀圓珠，堅硬，不易壓碎。

綸：接近火焰時，先軟化熔融，再起燃。燃燒時出現黑色火焰且有閃光，離開火焰後能繼續燃燒，但速度緩慢。燃燒時散發出辛辣的氣味，有些像煤焦油味。灰燼呈脆性不規則的黑褐色硬塊或球狀物。

●●●●▶ 眼界大開

化學纖維一般都屬高分子化合物，其原料可分為天然的或人工合成的高分子物質。

合成纖維不是直接以天然高分子材料為原料的，而是以簡單的化合物為原料合成製得高分子物。

成纖高聚物必須具有線型的分子結構，因為只有線型高分子物質才能溶解或熔融以製備紡絲溶液或熔體；大分

子必須具有適當的分子量；相鄰分子間必須具有足夠的結合力，以保證纖維具有足夠的強度。

　　各種化學纖維由於其原料來源、分子組成、成品要求等不同，製造方法也不一樣。

07.剝洋蔥為什麼會流淚

軍事上,有煙幕彈、催淚彈,這不足為奇,但廚房裡也有一種「催淚彈」,你知道這是什麼嗎?這就是洋蔥,不信看下面這個故事:

某飯店新來的小夥計,負責廚房的後勤工作,比如擇菜、洗菜、切菜等。

有一天,一位顧客點了道「洋蔥豬排」,小夥計負責準備配料——洋蔥。

由於剛接觸這行,不知道切洋蔥時要注意哪些,結果小夥計一邊切洋蔥,一邊流眼淚。

掌勺的廚師看見了,笑得前俯後仰,告訴小夥計切洋蔥時沾點水,就不會這麼刺眼了。

原來,洋蔥的細胞裡有一種特殊的蒜酶,在它的作用下,洋蔥的細胞中產生了一些刺激性氣體,這種化學氣體刺激了眼部角膜神經末梢,使淚腺禁不住流出淚來。

切洋蔥會破壞洋蔥的細胞，這樣細胞裡的酵素會把一種無味的化合物拆開成為幾個小分子。如下：

那些小分子中有一不穩定的化合物很快被水解為丙醛 CH_3CH_2CHO、硫酸 H_2SO_4 和硫化氫 H_2S。硫酸屬於刺激性物質，它便是刺激眼睛流出淚水的元兇。

$$CH_3CH_2CH = S = O \ 水 \ CH_3CH_2CHO + H_2SO_4 + H_2S$$

眼界大開

若要避免切洋蔥時流淚，有兩種方法可以處理：

方法一是將洋蔥冷凍一段時間，這可減慢酵素把無味的化合物拆開的速度。

方法二是把洋蔥放在水裡一邊浸著，一邊切，這可讓硫酸溶於水中，令它不能直接刺激眼睛。

08.安心油條

北京人的早餐一般以豆漿和油條為主,人們喝豆漿時,都喜歡以油條伴食,但製造油條的材料和程式是怎樣的呢?

「老闆,來碗豆漿,兩根油條」,準備去上班的王先生喊道。

「好咧,等個兩分鐘,這就現炸。」早餐店老闆用一股濃郁的北京話回應著。

老闆邊說邊做油條,只見他切了兩小團面,拉成長條往油鍋裡一放,頓時,細細的長條便膨脹起來,一會便浮在油面上。

真神奇,王先生看得出了神。

原來,做油條的麵裡放了少量的酵母,還有蘇打、明礬,和麵時,蘇打和麵團裡的水分發生反應,這樣油條便會膨脹而浮出水面。

••••▶ 知識點睛

蘇打的化學式為：

Na_2CO_3，$Na_2CO_3+H_2O=NaOH+NaHCO_3$。而明礬是 $Al_2(SO_4)_3$，能中和 $NaOH$，即 $6NaOH+Al_2(SO_4)_3=2Al(OH)_3+3Na_2SO_4$，$2NaHCO_3 \xrightarrow{\Delta} Na_2CO_3+H_2O+CO2 \uparrow$

••••▶ 眼界大開

碳酸鹽的分解溫度如下表：

碳酸鈣 825℃ (以下單位均為℃)

碳酸鈉 不分解，熔點851

碳酸鋇 1450

碳酸鉀 不分解，熔點891

碳酸鉛 315

碳酸銨 58

碳酸鋅 300

碳酸鎂 350

09.不打自招

　　珠寶店來了兩位老顧客，老闆急忙迎了上去，並帶兩位顧客去看剛進的一顆價值不菲的鑽石。

　　兩位顧客見了，連聲發出嘖嘖的讚歎。後來，老闆又把他們請到客廳裡喝茶聊天，自己才小心翼翼地用醬糊在木盒上貼上封條。

　　在客廳裡，他們愉快地高談闊論，非常投入。期間，一位顧客借上廁所之機，拿走了那顆鑽石。當傭人將鑽石被盜的消息告訴老闆後，老闆令傭人悄悄地去報警。

　　15分鐘後，員警到了，看了看珠寶箱，又看了看兩位顧客，便對其中一位說：「你涉嫌盜竊，跟我們走一趟。」只見這位顧客低著頭說：「我坦白，鑽石是我偷的。」

　　原來，這位顧客手指有傷，並塗了碘酒，而封條是剛用醬糊粘的，裡面含有澱粉。碘酒與澱粉接觸就會發生化學反應，生成一種藍色物質。員警就是靠小偷手上的藍色斑點來破案的。

澱粉$(C_6H_{12}O_6)n$屬於多糖類，它遇到碘元素的時候，會發生反應，生成的物質顯藍色。其反應的本質是生成了一種包合物(碘分子被包在了澱粉分子的螺旋結構中了)，這種新的物質改變了吸收光的性能而變了色。

天然的澱粉組成成分可以分為兩類：直鏈澱粉和支鏈澱粉。

直鏈澱粉約占10%～30%，分子量較小，在50000左右，可溶於熱水形成膠體溶液。直鏈澱粉與碘酒作用顯藍色，但較短的直鏈則呈現紅色、棕色或黃色等不同的顏色。

支鏈澱粉約占70%～90%，分子量比直鏈澱粉大得多，在60000左右，不溶於水，支鏈澱粉與碘酒作用顯紫色或紫紅色，所以，澱粉遇碘酒究竟顯什麼顏色，取決於該澱粉中直鏈澱粉與支鏈澱粉的比例。

有的豆類幾乎全是直鏈澱粉，遇碘酒顯藍色；糯米中幾乎全是支鏈澱粉，遇碘酒顯紫色；玉米、馬鈴薯分別含有27%、20%的直鏈澱粉，所以馬鈴薯遇碘酒所顯的顏色比玉米遇碘酒所顯的顏色要略深。

····▶ 眼界大開

　碘酒由碘、碘化鉀溶解於酒精溶液而製成。碘是一種固體,碘化鉀有助於碘在酒精中的溶解。

　市售碘酒的濃度為2%。許多人認為碘酒只是打針或手術前消毒皮膚用的,其實這只是碘酒的用途之一。在日常生活中,碘酒可以用來治療許多小毛病。

　碘酒有強大的殺滅病原體作用,它可以使病原體的蛋白質發生變性。碘酒可以殺滅細菌、真菌、病毒、阿米巴原蟲等,可用來治療許多細菌性、真菌性、病毒性等皮膚病。

10.煤氣殺手

如果煤氣洩漏、燃料燃燒不充分或者排煙不順暢，就會使人煤氣中毒，甚至使人喪命。這是為什麼呢？

我們知道，人每天都要不停地呼吸，吸入空氣中的氧氣，呼出體內的二氧化碳。而氧氣在體內的運輸，必須依靠血液中的紅血球。

氧氣與紅血球中的血紅蛋白結合，然後紅血球像卡車一樣，把氧氣運送到全身的每一個地方，再將氧氣「放給細胞」，這樣細胞就可以進行各種生命活動。

煤、天然氣和液化氣在燃燒不充分或洩漏時，會釋放出一氧化碳。

一氧化碳會「搶走」紅血球中的血紅蛋白。它和血紅蛋白的結合能力比氧氣大得多，當人體吸入了一氧化碳時，血紅蛋白就會被一氧化碳佔據，無法再運輸氧氣了。時間一長，人就會頭昏、噁心、昏睡、四肢無力，出現缺氧的症狀，嚴重的甚至使人窒息死亡。

冬天裡，有的人家生爐子又不注意通風，本來健健康

康的一個人，一夜之間就死了，這都是一氧化碳這個無影無蹤的「殺手」所為。

····▶ 知識點睛

　　一氧化碳經呼吸道進入人體後，與血液中的血紅蛋白結合，形成穩定的炭氧血紅蛋白，隨血流分佈全身，一氧化碳與血紅蛋白的親和力比氧和血紅蛋白的親和力大200～300倍，因此與氧爭奪血紅蛋白並結合牢固，致使血紅蛋白攜氧能力大大降低。造成全身缺氧血症。人的中樞神經系統對缺氧最為敏感，因此當缺氧時，腦組織最先受累，造成腦功能障礙，腦水腫，直接威脅生命。

　　它進入肺泡後很快會和血紅蛋白(Hb)產生很強的親和力，使血紅蛋白形成碳氧血紅蛋白(COHb)，阻止氧和血紅蛋白的結合。血紅蛋白與一氧化碳的親和力要比與氧的親和力大200～300倍，同時碳氧血紅蛋白的解離速度卻比氧合血紅蛋白的解離慢3600倍。一旦碳氧血紅蛋白濃度升高，血紅蛋白向身體組織運載氧的功能就會受到阻礙，進而影響對供氧不足最為敏感的中樞神經(大腦)和心肌功能，造成組織缺氧，從而使人產生中毒症狀。

▶ 眼界大開

在通常狀況下，一氧化碳是無色、無臭、無味、有毒的氣體，熔點-199℃，沸點-191.5℃。標準狀況下氣體密度為1.25g/L，和空氣密度(標準狀況下1.293g/L)相差很小，這也是容易發生煤氣中毒的因素之一。它為中性氣體，不溶於酸或鹼的溶液，難溶於水，通常情況下1體積水僅能溶解約0.023體積的一氧化碳，25℃時溶解度為0.0026g/100g水。

11.水著火了

名著《西遊記》中紅孩兒噴出的水，越用水澆火越旺，我們知道，因為那是「聖火」，而現在，卻連水也著火了，這是怎麼回事呢？

貪玩的元元買了一個「噴水槍」，只要一按，槍裡就噴出水來。

元元看見爐子裡的火，就向上面噴水，結果發現水滴在煤塊上，不但沒澆熄，反而燒得更厲害了！在被水滴濕的煤塊上，不但發出了火花劈啪的響聲，而且火苗跳得更旺，閃出了藍色的火舌！

這是怎麼回事啊，是不是化學變化，喜愛化學的元元又聯想到化學。

的確，這是化學現象。水一遇上了熾熱的煤，立即生成一氧化碳和氫氣。這兩種氣體都能燃燒，而且會發出淡藍色的火焰。

　　煤中含有碳，碳和水蒸氣在高溫下發生化學反應，方程式為：$C + H_2O$ 燃燒 $H_2 \uparrow + CO \uparrow$

　　而氫氣和一氧化碳都能燃燒，反應方程式分別為：

$2H_2 + O_2$ 燃燒 $2H_2O$，$2CO + O_2$ 燃燒 $2CO2$

....▶ 眼界大開

1、一氧化碳的製取

　　用木炭和氧氣製取一氧化碳：在長約40釐米，直徑約2.5釐米的硬質玻璃管內填充3/4管乾燥的小塊木炭。實驗開始時，把一塊燒紅的木炭放入粗玻璃管內木炭的上面，塞上橡皮塞，慢慢地通入氧氣。

　　木炭由上到下逐漸燒紅，在尖嘴管口有氣體排出，這主要是一氧化碳。用火點燃，發出藍色的火焰。

2、水煤氣的製取

　　裝置：在集氣瓶上配一個雙孔橡皮塞，一個孔內插入一支漏斗，另一個孔內插入一支帶有尖嘴管的玻璃導管。集氣瓶裡先盛滿水，倒置在水槽裡，把尖嘴管上的彈簧夾放開。用坩堝鉗夾住一小塊燒紅的煤，浸入水槽裡漏斗的

下面,即有大量的氣體產生,從漏斗上升到集氣瓶中,水由尖嘴管排出。

用6～7塊燒紅的煤進行實驗,可以收集到250毫升水煤氣,但不要將水排盡。夾緊彈簧夾,用手掌按住漏斗把集氣瓶從水槽中取出,直立桌上。

因瓶中還留有一部分水,漏斗頸沒入水內,氣體不會從漏斗口逸出。

12.馬鈴薯與糖精

我們平時吃的紅糖、白糖都是糖，但有一種糖——糖精——卻不是糖，那它是什麼呢？

糖精的學名，叫做「鄰磺醯苯甲酸亞胺」，是一種細小的白色結晶體。糖精不是從糖裡提煉出來的，而是從又黑又臭又黏的煤焦油裡提煉出來的。糖精，就是用煤焦油裡提煉出來的甲苯，經過磺化、氯化、氨化、氧化、結晶、脫水等步驟而製成的。

最早，關於糖精的發明，還有一段和味精、可樂的發明相似的故事：

1879年，有一位叫法爾貝里的化學家從實驗室裡回來，沒有洗手就坐下來吃飯。咦，他發現所吃的馬鈴薯格外甜。

法爾貝里問妻子：「今天你在馬鈴薯裡加了糖啦？」

「沒有哇。」妻子回答說，「馬鈴薯並不甜呀。」

「我的馬鈴薯也不甜。」小兒子插嘴說。

法爾貝里有點不相信，他從兒子手裡拿過一個馬鈴薯

一吃,咦,竟然是甜的!而他的兒子從他手裡拿過一個馬鈴薯一吃,也是甜的!

這是為什麼呢?想了半天,才想起今天沒洗手。用舌頭舔了一下手,果然是苦中帶甜。

於是,法爾貝里連飯也顧不得吃完,就跑回實驗室裡,把當天實驗中曾經用到過的藥品,都用舌頭嘗了一下,結果發現:有一種白色的結晶體,具有苦中帶甜的味道。後來,經過實驗,法爾貝里發明了糖精。

●●●●▶ 知識點睛

糖精,也稱糖精鈉,是最古老的甜味劑。糖精的甜度為蔗糖的300～500倍,它不被人體代謝吸收,在各種食品生產過程中都很穩定。

●●●●▶ 眼界大開

糖精很多年來都是世界上唯一大量生產與使用的合成甜味劑,尤其是在第二次世界大戰期間,糖精在世界各國的使用明顯增加。

但對糖精的安全性一直存在爭議。

1958年,美國食品藥品管理局(FDA)開始對食品添加

劑的使用進行管理，當時糖精已經能夠在美國廣泛使用了，因此它被列入最早的675種「公認安全」(GRAS)的食品原料名單之中。

1972年，美國FDA根據一項長期大鼠餵養實驗的結果決定取消糖精的「公認安全」資格。

1977年，加拿大的一項多代大鼠餵養實驗發現，大量的糖精可導致雄性大鼠膀胱癌。為此，美國FDA提議禁止使用糖精，但這項決定遭到國會反對，並通過一項議案延緩禁用。

1991年，美國FDA根據一些研究結果撤回了禁止糖精使用的提議。但由於上述原因，在美國使用糖精仍需在標籤上註明「使用本產品可能對健康有害，本產品含有可以導致實驗動物癌症的糖精」。

在國際上，糖精的使用也因為這些關於大鼠致癌的研究發表後受到一定影響，歐美國家糖精的使用量不斷減少。

我國政府也採取壓減糖精政策，並規定不允許在嬰兒食品中使用。目前聯合國糧農組織和世界衛生組織下的食品添加劑聯合專家委員會(簡稱JECFA)規定糖精的每日容許攝入量值為每日0～5mg/kg體重。

13.喝酒的魚

　　廚房裡，一位年輕的媽媽正在燉魚，她把魚炒好加水後，又向裡面加了一些二鍋頭，這是什麼意思呢？

　　一位年輕的媽媽在廚房裡燒飯，三歲的兒子在旁邊好奇地看著。她做的是紅燒魚，只見她把魚翻炒了幾下，向裡面加了點水，接著又拿起二鍋頭向鍋裡放了些。天真的兒子看見了，一字字地問：「媽媽，魚也喝酒嗎？」

　　媽媽笑了：「是啊，給魚喝點酒，它就不腥了。」

　　我們知道，媽媽用的是比喻的說法，在魚裡放點酒就不會有腥味，是因為魚肉裡有一種特殊的化學物質，叫三甲胺，會散發一股令人作嘔的腥味。要是滴幾滴白酒，這三甲胺就會溶解在酒中，隨著鍋內溫度地不斷提高，蒸發掉了。所以，吃魚時就不感到腥了。

知識點睛

　　魚中有一種三甲胺的化學物質，腥味極濃，在煮魚時

加1～2匙紅酒和醋，三甲胺便會溶解在酒醋裡，酒精沸點為38.3℃，易揮發，三甲胺也隨蒸氣一起跑掉。同時，酒和醋在熱鍋裡相遇，反應生成乙酸乙酯，有香味，使魚味更鮮香。另外，肉類含有一種脂肪酸，有膩人的膻味，在燉煮中加入老酒後，脂肪滴即溶解於酒精中一起蒸發掉，達到去膻的目的，肉味更香美。

▶ 眼界大開

天氣潮濕高溫時，蚊子也活躍。生活中我們常會發現，有些人特別容易招蚊子，尤其是小孩子。

有些人認為蚊子愛叮小孩，是因為小孩的皮膚光滑白嫩。專家認為，蚊子愛叮孩子，主要是孩子向蚊子發出的強烈「信號」，它透過空氣傳播，能夠引導蚊子便捷地找到「食物」。

這是因為人體血液中的氨基酸和乳酸結合，生成一種複合氨基酸混合體，這種物質與汗液略帶甜味的胺結合，可生成三甲胺，這種三甲胺的氣味有強烈的誘蚊作用。

溫度上升，人體的毛細血管擴張，三甲胺的生成也增多。孩子一般比較好動，代謝旺盛，身體的三甲胺含量更高，引來蚊子叮咬的可能性也就高。

14.認識牙膏

　　古時候，人們從來不刷牙，早上醒來漱漱口就相當於刷牙了，這對牙齒而言是遠遠不夠的，隨著牙膏的發明，人們開始用牙膏刷牙，那麼牙膏究竟有什麼作用呢？

　　這得從牙膏的成分談起。牙膏中最重要的三種成分是摩擦劑、洗滌劑與香料。

　　牙膏的摩擦劑，大都是一些白色的不溶性固體粉末，在牙膏中，摩擦劑一般占50%左右。摩擦劑在刷牙時，借助於牙刷的來回運動，摩擦牙齒，去除污垢，使牙齒變得潔白。

　　洗滌劑常是肥皂，最近也有採用合成洗滌劑的，主要是去汙、殺菌，防止牙齒被齲蝕，清除食物碎屑與附著的污垢。

　　牙膏中香料不僅使牙膏馨香宜人，而且能減輕口臭。此外，牙膏還含有膠合劑，如澱粉、羧甲基纖維素、黃蓍樹膠粉等；賦形劑，如甘油、水、澱粉，主要是為了牙膏能保持半流體的「膏」狀，便於擠出、使用。加入甜味

劑，如蔗糖、糖精、蜂蜜等，為了使牙膏有甜的感覺，特別是兒童就更甜一些。至於加入防腐劑，如水楊酸鈉、安息香酸鈉等，則是為了防止被細菌侵入而腐敗。

••••▶ 知識點睛

牙膏中的摩擦劑具有潔齒的作用，最常用的有$CaCO_3$細粉末或$Ca(HCO_3)_2$細粉末等。洗滌泡沫劑最常用的是$C_{12}H_{23}OSO_3Na$(十二烷基硫酸鈉)，也有用十二烷基苯碘酸鈉的。保濕劑可保持膏體水分，防止膏體乾燥變硬，常用的保濕劑有甘油、山梨醇〔$CH_2OH(CHOH)CH_2OH$〕和α-丙二醇($CH_3CHOHCH_2OH$)等。

••••▶ 眼界大開

牙齒分齒頭(又稱牙冠，指露在口腔的部分)、齒頸及齒根(埋在齒槽內的部分)三部分，牙釉質與牙骨質分別覆蓋於牙冠和齒根的表面，其內層為牙本質，它們構成牙體的硬組織，組成牙體主體的無機物是羥基磷灰石$Ca_{10}(OH)_2(PO_4)_6$，牙釉質中的主要成分羥基磷灰石是和少量氟磷灰石$Ca_{10}F_2(PO_4)_6$、氯磷灰石$Ca_{10}(OH)_2(PO_4)_6$等，呈乳白色，有一定的透明度，還有骨膠原等有機物以聯結牙

體和牙周組織。

　組成牙釉質的羥基磷灰石是一種不溶物，使它從牙齒上溶解下來稱為去礦化，而形成時成為再礦化。在口腔中存在著去礦化與再礦化的平衡：

$$Ca_5(PO_4)_3OH \rightarrow 5Ca^{2+} + 3PO_4^{3-} + OH^-$$

　健康的牙齒也同樣存在這樣的平衡，然而，當糖吸附在牙齒上並且發酵時，產生的H^+與OH^-結合成H_2O而擾亂平衡，會使更多的$Ca_{10}(OH)_2(PO_4)_6$溶解，結果腐蝕牙齒。氟化物透過取代羥基磷灰石中的OH^-有助於防止牙齒腐蝕，由此產生的$Ca_{10}F_2(PO_4)_6$能抗酸腐蝕。

Chapter 5

奇怪的
文具體育用品

　　水不結冰是因為溫度沒有達到、鐵鍋用的材料主要是鐵……總之，在我們的印象中物質的名稱將和它的用材密切結合，狀態與性質有關，等等。但在日常的文具體育用品中，卻有著無數令人奇怪的現象：自行車車輪上變黃卻不是生　　、鉛筆用的居然不是鉛、牛皮紙也不是用牛皮……承載著人類文明的文具體育用品為什麼如此奇怪，它究竟掩藏著什麼呢？本章將讓你眼界大開。

01.清晰的印章

有一批古畫，變得灰黃而沒有光澤，但它上面的印章仍然鮮紅，像新蓋上去的一樣，這是什麼原因呢？

有一年，大陸幾個考古學家在南方某省發掘出一些古代珍貴的字畫。

這些字畫只要一接觸空氣，馬上變得單薄、脆弱，好像風吹一下就能把紙吹壞似的，尤其是那些畫面，變得非常模糊。

可是，這些字畫的落款上那印章仍然清晰可辨，好像根本沒有經風歷雨。這一現象引起了考古專家的注意。

後來，他們經過認真的研究和科學地測定，發現繪畫的顏料大多使用了鉛白，隨著時間的推移，極易發生化學反應，生成新的氧化物，而古代印章使用的印泥是用朱砂和麻油攪拌而成，在空氣中不容易發生化學反應，所以保持了原有紅潤鮮豔的顏色。

朱砂的化學成分是硫化汞，硫化汞的化學性質非常穩定，在日光下長期暴曬也不變色，而且能耐酸、耐鹼，正因為這樣，被用作顏料。我國古代官吏們用的「朱筆」所蘸的顏料便是「朱砂」──硫化汞，因為它永不退色。人們用它做印泥，也是這個緣故。

硫化汞是紅色的粉末，俗稱辰砂、朱砂。我國早在三千年以前，便開始用它作為紅色的顏料。古埃及的墳墓裡，人們也發現了這種紅色的顏料。

硫化汞是天然的汞礦。正因為在大自然中就存在著這種礦物，而它的顏色又是那麼鮮豔、醒目，因此，人們很早就與它打交道，是很易理解的。世界上辰砂最大的產地是西班牙。我國也有很多地方產辰砂。現在，辰砂是制汞的重要原料。

····▶ **眼界大開**

有些紙張時間放得久了就會變成黃色，這是因為紙張內部還有一部分雜質沒有清除掉，日子久了，受到空氣和日光的作用，就會發生化學變化，使紙張漸漸變黃，並且容易破裂。如果在製造紙張時能用氯氣或漂白粉漂白紙

漿，那就可以防止這種現象的發生。為了使紙張容易吸收墨汁，防止書寫或印刷時墨汁化開，可以加入適當的膠汁，如動物膠、明礬、松香等。

　　如果要使製造的紙張表面光滑，能兩面寫字，那就要加入一些填料如澱粉、碳酸鈣、滑石粉、白陶土等，使纖維素之間的空隙填滿，從而可防止墨汁化開。

02.保存久遠的藍黑墨水

　　過節了，為了迎接新的一年，家家戶戶都開始打掃衛生，平平家也不例外。

　　媽媽讓平平收拾自己的東西，把東西都整理一下。當平平收拾到自己小學五年級的作業本時，他順手翻開一看，「啊，字跡怎麼模模糊糊的，也沒弄濕過啊。」平平自言自語道。再翻看一本，這本卻清清楚楚，這就更奇怪了，這些都是那時候寫的啊，沒隔幾天，怎麼它們的差別會這麼大呢？

　　正當他納悶時，表哥來了。表哥告訴他：「這種字跡不清的是用純藍墨水寫的，日子長了，會被氧化，顏色漸漸變淺，甚至完全消失；而這種清楚的是用藍黑墨水寫的，藍黑墨水被氧化後，能逐漸生成一種永不退色的化學物質——黑色的鞣酸鐵。所以，字跡比較清楚。」

　　平平拿過作業本一看，果真是用兩種筆寫的。平平在佩服表哥做事仔細的同時，也為他的博學而折服。

化學有意思
火點不著的魔法衣
Funny Chemistry experiments

····▶ 知識點睛

　　藍黑墨水書寫後變成黑色的原因，是由於藍墨水中的鞣酸跟硫酸亞鐵發生了化學變化，生成了一種新物質叫鞣酸亞鐵，這種鞣酸亞鐵在日光照射下或空氣作用下又發生化學變化，生成了鞣酸鐵。鞣酸鐵是一種黑色不溶於水的沉澱物，它能牢牢地黏附在紙上。

····▶ 眼界大開

　　一般，藍黑墨水裡還加入了可溶性藍色有機染料、硫酸、苯酚、甘油和香料。加入硫酸，是使墨水保持酸性，防止墨水沉澱；苯酚是著名的防腐劑，能殺菌，使墨水不至於腐化發臭；甘油的化學成分是丙三醇，是常用的防凍劑，加入甘油後，就可以大大降低水的冰點，使墨水在冬天不易結冰；至於加入香料，則是使墨水芳香宜人。

03.堅硬的牛皮紙

鉛筆用的不是鉛，而是石墨，那麼牛皮紙用的是牛皮嗎？如果不是，那又用的是什麼？

陽陽也是個愛惜書的好學生。有一次學校發了新書，看見別的同學都買塑膠書套把書給包起來。陽陽也回家跟爸爸要錢要買書套，爸爸對陽陽說：「那種塑膠書套不結實，來，我幫你找一個更耐用的。」

爸爸找出了一種灰色的紙，幫陽陽把書包了起來。果然，爸爸說得很對，沒多久，別的同學的書套都壞了，而陽陽的卻依然如初。陽陽很不解，就去問爸爸。

原來這種「牛皮紙」，工人在蒸煮木材時特意加進去一些化學藥品來處理，把木材的纖維組織拉得緊緊的，所以製造出來的紙就特別硬、特別結實。

知識點睛

牛皮紙之所以比普通紙牢固，是因為做牛皮紙所用的

木材纖維比較長，而且在蒸煮木材時，是用燒鹼和硫化鹼等化學藥品來處理的，這樣它們所起的化學作用比較緩和，木材纖維原有的強度所受到的損傷就比較小，因此用這種紙漿做出來的紙，纖維與纖維之間是緊緊相依的，所以牛皮紙都非常牢固。

▶ 眼界大開

　　紙的發明結束了古代簡牘繁複的歷史，大大地促進了文化的傳播與發展。

　　在上古時代，祖先主要依靠結繩記事，以後漸漸發明了文字，開始用甲骨來作為書寫材料。後來又發現和利用竹片和木片(即簡牘)以及縑帛作為書寫材料。但由於縑帛太昂貴，竹木太笨重，於是便有了紙的發明。

　　據考證，在西漢時已開始了紙的製作。1957年陝西省博物館在西安東郊灞橋附近的一座西漢墓中，發掘出了一批稱之為「灞橋紙」的實物，其製作年代當不晚於西漢武帝時代。之後在新疆的羅布淖爾和甘肅的居延等地也都發掘出了漢代的紙的殘片，它們的年代大約比東漢建初至元興年間的宦官蔡倫所造的紙要早150年至200年。

　　但我們也應該看到，紙的發明雖很早，但一開始並沒有得到廣泛應用，政府文書仍是用簡牘、縑帛書寫的。直

至獻帝時，東萊人左伯又對以往的造紙方法作了改進，進一步提高了紙張品質。

魏晉南北朝時期造紙技術進一步提高，造紙區域也由晉以前集中在河南洛陽一帶而逐漸擴散到越、蜀、韶、揚及皖、贛等地，產量、品質與日俱增。造紙原料也多樣化，紙的名目繁多。如竹簾紙，紙面有明顯的紋路，其紙緊薄而勻細。剡溪有以藤皮為原料的藤紙，紙質勻細光滑，潔白如玉，不留墨。

東陽有魚卵紙，又稱魚箋，柔軟、光滑。江南以稻草、麥稈纖維造紙，呈黃色，質地粗糙，難以書寫。北方以桑樹莖皮纖維造紙，質地優良，色澤潔白，輕薄軟綿，拉力強，紙紋扯斷如棉絲，所以稱棉紙。蔡倫造紙的原料廣泛，以爛漁網造的紙叫網紙，破布造的紙叫布紙，因當時把漁網、破布歸類為麻類纖維，所以統稱麻紙。

04.圓珠筆的神祕面紗

我們通常用的筆有鋼筆、鉛筆還有圓珠筆，關於前兩種筆的稱謂大家都無異議，可對於圓珠筆，有人卻說它應該叫原子筆，爭吵不休，那麼到底是圓珠筆還是原子筆呢？

晶晶班裡剛來了一位新同學叫軍軍，軍軍的父母都是大學老師，受他父母影響，他知道的東西也很多，同學們總是一下課就圍著他問東問西，而軍軍也「慷慨解囊」。

有一次，同學們又問了很多問題，軍軍說：「太多了，拿個圓珠筆來我記一下，一一回答你們。」

晶晶說：「那不叫圓珠筆，那是原子筆。」同學們也都站在晶晶這邊。

軍軍急了，和晶晶爭吵起來，正當二人都面紅耳赤的時候，老師走過來，笑著說：「你們說得都對。那是二次世界大戰剛結束後不久，美國人還沉醉在原子彈摧毀日本的得意之中，一位商人藉機推銷一種圓珠筆說這種筆裡裝的是珍貴的『原子油墨』，買一支回去足夠用一輩子的。

由於人們對原子彈有著神祕感，渴望對其瞭解，便爭相購買這種新奇的筆。於是人們把圓珠筆都叫原子筆。後來，人們發現筆裡裝的不是什麼原子油墨，而是普通的染料和蓖麻油製成的墨汁。這種筆的筆桿裡裝油墨，筆芯頂端裝著一粒小鋼珠，油墨隨著鋼珠的轉動在紙上留下了字跡。揭開這層神祕面紗以後，人們才把原子筆叫圓珠筆。」

晶晶和軍軍聽了都恍然大悟，原來是這麼回事。

····▶ **知識點睛**

圓珠筆的筆芯是一隻又細又圓的塑膠管，是用聚苯乙烯塑膠或聚乙烯塑膠製造的。

在筆芯裡裝著油墨，銅頭是用加了鎳、錫等的黃銅合金製成的，非常堅硬，而且耐腐蝕。在銅頭的前端，有一粒比芝麻還小的圓珠。

圓珠筆這名字，便是從這來的。

圓珠筆用的時間長，是因為油墨黏性比較大，不易大量流出，加之圓珠筆頭頂端與鋼珠之間的縫隙要比自來水筆筆尖上的出水縫細得多，寫字時圓珠筆的油墨流量遠比自來水筆水流量小，因此，用的時間比較長。

······▶ **眼界大開**

　　圓珠筆以前叫「原子筆」。那時，美國的「原子筆」像從麻袋裡倒出來似的，充斥了整個中國大陸市場。在1948年，大陸才開始自己生產圓珠筆，但產量極少。新中國成立後成立後，大陸圓珠筆的年產量逐年激增。由於圓珠筆小巧、耐用、價廉，很受人們歡迎。

　　現在，大陸圓珠筆比鉛筆還普遍，而且還向其他國家輸出。

05.年輕的創始人

　　郵票上經常有各式各樣的圖畫，或人物，或花卉，或古蹟，都有一定的意義。有一張郵票上畫著一個黑球，一個紅球，兩個藍球，四個小灰球。這是什麼意思呢？

　　其實，這是一種分子模球，黑球代表C原子，紅球表示O原子，藍球表示N原子，小灰球代表H原子，而這正好是尿素的組成元素。

　　關於尿素還有一個小故事：

　　那是在1824年，維勒才24歲，剛從瑞典回到德國，正忙於研究氰酸銨，他想把溶液慢慢蒸乾，得到結晶體。可是，蒸發過程實在太慢。他一邊加熱，一邊把從瑞典帶回來的化學文獻譯成德文。出乎意料，他竟得到一種無色針狀結晶體——它顯然不是氰酸銨。後來研究這種晶體，仔細一分析，發現是尿素。

　　維勒深知這一發現的重要性，因為他知道尿素屬於有機化合物，而按照當時的化學理論，則認為人工無法製造有機化合物。維勒立即給他的教師、著名瑞典化學家柏齊

利阿斯寫信，說道：「我要告訴您，我可以不借助於人或狗的腎臟而製造尿素。可不可以把尿素的人工合成看做人工製造有機物的先例呢？」

沒想到，柏齊利阿斯對他的發現非常冷淡。柏齊利阿斯認為，只有在一種極為神祕的「生命力」的作用下，才能在生物體中生成有機物，人工是無法用無機物製造有機物的。有人附和這位權威的論調，說尿素是動物和人排出去的廢物，不能算是「真正的有機物」。

維勒沒有向權威屈服。

後來，人們又多次合成了有機物，終於摧垮了柏齊利阿斯的「生命力論」。維勒成為人工合成有機物的始創者。

····▶ **知識點睛**

氰酸銨受熱後會分解為氨和氰酸。而氰酸又會變成異氰酸。當異氰酸與氨重新化合，就變成了尿素。

····▶ **眼界大開**

尿素的化學名稱是碳醯二胺，分子式為CON_2H_4或〔$CO(NH_2)_2$〕，是一種白色結晶。含氮量46%左右，是目

前固體氮肥含氮量最高的一種。

　　尿素，為中性速效高含氮量化肥，具有無色、無味、無臭、易溶於水、易施用等特點，顆粒均勻，飽滿圓潤，粉塵少。按含氮量計算：1公斤尿素相當於1.35公斤硝酸銨、2.2公斤硫酸銨、90～100公斤新鮮人尿。尿素是一種中性肥料，對土壤無影響，適用於各種土壤和植物，是一種優質高效的氮肥。

　　尿素有吸濕性，吸濕後還能結塊，因此儲存時必須防潮，放在乾燥的地方。尿素在農業上是一種優質高效的中性氮素肥料。長期使用不會使土壤變硬和板結。

06.鉛筆的誕生

我們每天學習時經常用到鉛筆，但鉛筆卻不是用鉛做的，那麼你知道它是用什麼材料做的嗎？鉛筆用的是石墨，而不是鉛。關於鉛筆的發明還有一個有趣的故事：

幾百年前的一天，一場災難性的颶風襲擊英格蘭島，許多房屋、大樹都被刮倒了，受災較重的是昆布蘭地區。

暴風雨過後，一位牧羊人外出放羊時在樹根下發現了一種烏黑的石頭，它順手撿了一塊，發現比泥土硬，比石頭軟。他輕輕地在羊身上劃了一下，結果留下了一道黑印。於是牧羊人就用它在羊身上畫記號，以便於辨認。後來牧羊人把它製成棒形，賣給商人用在包裝上畫記號。這就是最早的「鉛筆」了。這種黑礦石不是「鉛」，而是「石墨」。

▶ 知識點睛

石墨是碳質元素結晶礦物，它的結晶格架為六邊形層

195

狀結構，屬六方晶系，具完整的層狀解理。解理面以分子鍵為主，對分子吸引力較弱，故其天然可浮性很好。

石墨質軟，黑灰色，有油膩感，可污染紙張。在隔絕氧氣條件下，其熔點在3000℃以上，是最耐溫的礦物之一。

自然界中純淨的石墨是沒有的，其中往往含有SiO_2、Al_2O_3、FeO、CaO、P_2O_5、CuO等雜質。這些雜質常以石英、黃鐵礦、碳酸鹽等礦物形式出現。此外，還有水、瀝青、CO_2、H_2、CH_4、N_2等氣體部分。

·····▶ 眼界大開

1781年，德國化學家法伯經過多次實驗，將石墨粉與硫黃、銻、松香混合在一起，製成糊狀再擠壓成條形，這就是鉛筆的雛形。這種鉛筆有一定的硬度，書寫起來比石墨棒好用多了。

19世紀初，美國的一名木工和補鍋匠精心研製成一台機器，它能把較大的木塊切成小木條，並在上面刻出槽。他們把許多次改良後的纖細的「鉛」——石墨芯嵌在內，做成了世界上第一支真正的鉛筆。

07.融化獎章的王水

　　金、鉑的化學性質不活潑，不易被硫酸、硝酸等溶液氧化，但有一種溶液卻可以氧化它，你知道這是什麼溶液嗎？

　　化學課上，老師講了一個非常有意思的故事：

　　第二次世界大戰中，德國法西斯佔領了丹麥，下達了逮捕著名科學家、諾貝爾獎獲得者玻爾的命令。玻爾被迫離開自己的祖國，為了表示他一定要返回祖國的決心和防止諾貝爾金質獎章落入法西斯手中，他機智地將金質獎章溶解在一種特殊的液體中，在納粹分子的眼皮底下巧妙地珍藏了好幾年，直至戰爭結束，玻爾重返家園，從溶液中還原提取出金，並重新鑄成獎章。

　　突然，老師停住了，問同學們：「你們知道這是什麼溶液嗎？」只見有的同學搖頭，有的同學思索，這時，酷愛化學的豐豐站起來說：「是王水。」「嗯，回答得非常正確。」原來，豐豐以前從表哥那裡聽說過王水的「威力」。

▶ 知識點睛

　　金的化學性質不活潑，它不受空氣和水的作用，也不溶於一般的化學溶劑中，但能溶解於王水中(王水，即1體積的濃硝酸和3體積的濃鹽酸的混合酸)，反應方程式如下：

$$Au + 4HCl + HNO_3 = HAuCl_4 + NO\uparrow + 2H_2O，$$

$$Au + 6HCl + HNO_3 = 3HCl + AuCl_3 + NO\uparrow + 2H_2O$$

▶ 眼界大開

　　王水是濃HNO_3與濃HCl的混合物。實驗室用濃HNO_3與濃鹽酸體積比為1：3配製王水。王水的氧化能力極強，稱之為酸中之王。一些不溶於硝酸的金屬都可以被王水溶解。儘管在配製王水時取用了兩種濃酸，然而在其混合酸中，硝酸的濃度顯然僅為原濃度的1/4(即已成為稀硝酸)。但為什麼王水的氧化能力卻比濃硝酸要強得多呢？這是因為在王水中存在如下反應：

$$HNO_3 + 3HCl = 2H_2O + Cl_2 + NOCl$$

　　因而在王水中含有硝酸、氯分子和氯化亞硝醯等一系列強氧化劑，同時還有高濃度的氯離子。

　　王水的氧化能力比硝酸強，金和鉑等惰性金屬不溶於

單獨的濃硝酸，而能溶解於王水，其原因主要是在王水中的氯化亞硝醯(NOCl)等具有比濃硝酸更強的氧化能力，可使金和鉑等惰性金屬失去電子而被氧化：

Au + Cl₂ + NOCl = AuCl₃ + NO↑

3Pt + 4Cl₂ + 4NOCl = 3PtCl₄ + 4NO↑

同時高濃度的氯離子與其金屬離子可形成穩定的絡離子，如〔AuCl₄〕⁻或〔PtCl₆〕²⁻：

AuCl₃ + HCl = H〔AuCl4〕

PtCl₄ + 2HCl = H₂〔PtCl₆〕

從而使金或鉑的標準電極電位減小，有利於反應向金屬溶解的方向進行。總反應的化學方程式可表示為：

Au + HNO₃ + 4HCl = H〔AuCl₄〕+ NO↑ + 2H₂O

3Pt + 4HNO₃ + 18HCl = 3H₂〔PtCl₆〕+ 4NO + 8H₂O

08.元素週期表的誕生

元素週期表是按照一定的規律排列起來的，共分為16族，那麼元素週期表是怎麼發現的呢？

在19世紀中葉，人們已經發現了63種化學元素。法國、英國、德國等國的科學家們都在探索這些元素的內在聯繫，這個時候，門捷列夫也在俄國為尋找元素之間的規律而艱苦地探索著。

有一天，家裡幾個僕人在一起玩撲克牌。撲克有黑桃、紅桃、方塊、草花四個花色，它們可以按照2、3、4……10、J、Q、K、A的序列進行排列，也可以分別進行組合。門捷列夫似乎從撲克牌上得到了啟發。「化學元素能不能像撲克牌一樣進行排列組合，然後對它們的性質進行研究呢？」

想到這兒，門捷列夫似乎茅塞頓開。他用厚紙做了許多小卡片，上面寫出元素名稱、符號、質子量、化學反應式及其主要性質。這類似於一副撲克牌。以後的幾個月中，不論走到哪兒，門捷列夫都隨身攜帶這副撲克牌，有

空的時候就玩起撲克牌來，不斷地進行各種排列組合，尋找它們可能存在的內在規律。

一天晚上，門捷列夫一直工作到了凌晨，而早上他還要到外地去辦事。「先生，來接你的馬車已經等候在門口了。」大約六點半的時候，僕人安樂走進了書房對他說。「把我的行李整理好，搬到車上去。」門捷列夫一邊應答著，一邊還在排列他的撲克牌，這時他似乎已經有點眉目了，但又不能準確地排列起來。他還想試試看。過了片刻，安東又走了進來：「先生，得趕快走了，否則要誤點了。」

在安東的催促聲中，門捷列夫突然來了靈感，他拿起一張白紙，在上面畫了起來，並迅速排列出各種元素的位置。幾分鐘之後，一個偉大的發現──世界上第一張元素週期表產生了。

····▶ **知識點睛**

化學元素週期表是1869年俄國科學家門捷列夫首創的，他將當時已知的63種元素依原子量大小並以表的形式排列，把有相似化學性質的元素放在同一行，就是元素週期表的雛形。在週期表中，元素是以元素的原子序排

列，最小的排行最先。表中一橫行稱為一個週期，一列稱為一個族。

⋯⋯▶ 眼界大開

　　門捷列夫是俄國最偉大的化學家，1834年2月9日生於西伯利亞托博利克市。

　　門捷列夫23歲時在彼德堡大學擔任副教授，31歲為教授。門捷列夫最大的貢獻是發現了元素週期律，在世界上留下了不朽的光榮，人們給了他很高的評價。

　　恩格斯在《自然辯證法》一書中曾經指出：「門捷列夫不自覺地應用黑格爾的量轉化為質的規律，完成了科學上的一個勳業，這個勳業可以和勒維烈計算尚未知道海王星的軌道的勳業居於同等地位。」

09.自行車的「皮膚病」

　　許多自行車舊了，鋼圈上就會出現一塊塊的黃斑，像得了皮膚病。有人以為那是生銹了，其實事實並非如此，那究竟是何緣故呢？

　　小明纏著爸爸買了一輛越野車，為了炫耀，小明經常騎車和同學們去野外比賽。

　　由於越野車來之不易，小明對它是倍加愛護，每次騎車回來都擦一遍。有一次，小明像往常一樣擦車時，看到自行車的鋼圈上出現一塊塊斑點，像得了皮膚病似的。於是小明就去問爸爸：「是不是使用的時候，沒有照顧好，讓鋼圈濺上了污水？」

　　「這倒也不是。」爸爸笑著告訴他，「鋼圈外面還有兩層外套，第一層是金黃色的銅錫合金，最外面的那一層才是銀光閃閃的金屬鉻。有了這兩層保護外套，鋼圈可以有效地防止酸鹼的損害，延長使用壽命。」

　　「那黃斑到底是怎麼一回事呢？」小明迫不及待地追問。

「自行車在轉動時，難免會遇到一些砂石的撞擊，一旦撞到鋼圈上，最外面的那一層金屬鉻便被撞掉，露出黃色的銅錫合金。於是，便顯出了難看的黃斑。」

　　「哦，原來是這麼回事」，小明摸摸腦袋恍然大悟。

⋯⋯▶ 知識點睛

　　銅錫合金的含錫量是14%左右的，色黃，質堅而韌，音色也比較好，所以宜於製作鐘和鼎。銅錫合金含錫量是17%～25%的，強度、硬度都比較高，所以宜於製作斧斤、戈戟、大刃和削殺矢。

　　斧斤是工具，既要鋒利，又要承受比較大的衝擊載荷，所以含錫量不宜太高，否則太脆。

　　戈戟、大刃、削殺矢都是兵器，都需要鋒利。戈戟受力比較複雜，對韌性要求比較高，所以在兵刃中含錫量最低。大刃(刀劍)既需要鋒利，也要求一定的韌性以防折斷，所以含錫量比較高而又不太高。削殺矢比較短小，主要考慮銳利，所以在兵器中它的含錫量最高。

　　銅錫合金含錫量是30%～36%的，顏色最潔白，硬度也比較高。色潔白，就宜於映照；硬度高，研磨時就不容易留下道痕。所以這種銅錫合金宜於製作銅鏡和陽燧。

奇怪的文具體育用品

·····▶ 眼界大開

　　錫分子式為Sn，熔點低於232℃，在空氣中穩定，不
易被氧化，常用於製造合金(青銅、銅錫合金、焊錫)。錫
是無毒金屬，用於電鍍在鐵件，可起防腐作用，還適用於
製造鐵錫合金——馬口鐵。

10.玻璃上雕花

在玻璃廠，我們會看見工人用玻璃刀割玻璃，因為刀尖上嵌了金剛石(硬度比較大)，所以輕輕一劃，玻璃就斷了。

我們還會發現有些玻璃或玻璃器皿上有很多花紋，這也是用玻璃刀雕刻的嗎？

有一間學校安排學生去參觀玻璃廠，由於第一次來，同學們都覺得好玩，向廠裡的工人問東問西。

這時，一位同學看見一堆玻璃，上面有美麗的花紋和圖案，這位同學隨口問道：「這是用玻璃刀刻的嗎？」

帶他們參觀的工人笑著說：「當然不是，玻璃刀在玻璃上一劃就能把玻璃劃斷，根本無法刻出圖案，這是用一種叫氫氟酸的物質刻的。」原來，氫氟酸的腐蝕性較強，因此能輕而易舉地「吃」掉玻璃，是玻璃的「天敵」。

於是，人們利用氫氟酸這一些特性，在玻璃上刻花紋圖案。具體操作過程是先在玻璃上均勻地塗好一層緻密的石蠟，然後用工具在石蠟上寫字、作畫、標刻度，使要雕

刻的部分露出玻璃來，再用適量的氫氟酸塗在上面，讓它
把玻璃啃去一層。

　　氫氟酸塗得多，玻璃就啃得深，塗得少，就啃得淺，
這樣，玻璃器皿上就出現人們想要的花紋和圖案了。

知識點睛

　　玻璃的主要成分是二氧化矽(SiO_2)，它能與氫氟酸
(HF)發生化學反應，化學反應方程式如下：

　　$SiO_2 + 4HF = SiF_4 + 2H_2O$

　　氫氟酸能腐蝕玻璃，所以，盛放氫氟酸溶液就不能用
玻璃製品的器皿。

眼界大開

　　氫氟酸是氟化氫的水溶液，其沸點為19.5℃，在室溫
下為液態，為無色略帶刺激味的無機酸，無水的或低濃度
的氫氟酸為強酸，然而低濃度的氫氟酸其解離常數約為鹽
酸的千分之一，為弱酸。

　　氫氟酸中的氫離子對人體組織有脫水和腐蝕作用，而
氟是最活潑的非金屬元素之一，與氫離子結合較牢。皮膚
與氫氟酸接觸後，非離子狀態的HF不斷解離而滲透到深

層組織，溶解細胞膜，造成表皮、真皮、皮下組織乃至肌層液化壞死。

　　氟離子與組織中的鈣和鎂離子結合形成難溶性鹽。鈣離子的減少使細胞膜對鉀離子的通透性增加，鉀離子從細胞內到細胞外，導致神經細胞的去極化而引起劇痛。

11.古都「鬧鬼」

我們都知道世界上沒有鬼，所謂的鬼故事都是自己嚇唬自己，但有人的的確確在故宮附近看見了以前的宮女，你知道這是什麼原因嗎？

某個夏天的夜晚，電閃雷鳴，有一個人從故宮附近的夾牆走過，突然發現遠處有一對打著宮燈的人，後面還跟著一個宮女，這下可把他嚇壞了，腿都不聽使喚了，癱坐在地上，直到燈光看不見了，才從另一條走道一步一步地挪回家。

後來他和別人講起這事，老人家都說是因為那人的陰氣重，找個道士好好收驚一下就好了。

其實在故宮能看見宮女是有科學依據的，因為宮牆是紅色的，含有四氧化三鐵，而閃電可能將電能傳導下來，如果碰巧有宮女經過，那麼這時候宮牆就相當於錄影帶的功能，如果以後再有閃電巧合出現，可能就會像錄影放映一樣再出現一遍。

四氧化三鐵Fe_3O_4，黑色鐵磁性固體，常溫下比較穩定，加熱分解生成三氧化二鐵Fe_2O_3和氧氣O_2。

由鐵絲在純氧中燃燒得到，或直接利用自然界的磁鐵礦。溶於強酸生成鐵鹽和亞鐵鹽，加熱時能被氫氣或一氧化碳還原成鐵或氧化亞鐵。

····▶ 眼界大開

鐵的氧化物有氧化亞鐵FeO、三氧化二鐵Fe_2O_3，四氧化三鐵Fe_3O_4。

氧化亞鐵又稱一氧化鐵，黑色粉末，溶於酸，不溶於水和鹼溶液。極不穩定，易被氧化成三氧化二鐵；在空氣中加熱會迅速被氧化成四氧化三鐵。

在隔絕空氣的條件下，由草酸亞鐵加熱來製取，主要用來製造玻璃色料。三氧化二鐵是棕紅(紅)色或黑色粉末，俗稱鐵紅。

在自然界以赤鐵礦形式存在，在強鹼介質中有一定的還原性，可被強氧化劑所氧化。三氧化二鐵不溶於水，也不與水起作用。灼燒硫酸亞鐵、草酸鐵、氧氧化鐵都可製得，它也可透過在空氣中煅燒硫鐵礦來製取。它常用作顏

料、拋光劑、催化劑和紅粉等。四氧化三鐵為黑色晶體，加熱至熔點(1594±5℃)同時分解，相對密度為5.18，具有很好的磁性，故又稱為「磁性氧化鐵」。

　　它是天然產磁鐵礦的主要成分，潮濕狀態下在空氣中容易氧化成三氧化二鐵。不溶於水，溶於酸。

12.樂趣無窮的乒乓球

奧運會上，大陸運動員幾乎包攬所有乒乓球單打、雙打冠軍，並曾經包攬四屆世乒賽的全部金牌，不愧為大陸的國球，是大陸的一大驕傲。但就是這個為大陸人民帶來榮譽的小球，竟然是用棉花製成的。那麼，人們是如何知道用棉花來製造乒乓球的呢？

乒乓球在桌面上來回地跳動著，人們在乒乓球比賽中想盡辦法讓乒乓球以足夠快的速度、以足夠快的角度進入對手的球臺，在這種一來一往的交戰中，人們鍛煉了自己的身體各部分的協調與反應速度。這真是一項其樂無窮的運動。

給人們無限樂趣的乒乓球是怎麼被製成的呢？

1845年的一天，瑞士化學家克利斯蒂安·舍恩拜在實驗室裡聚精會神地做著試驗，由於太專注了，克利斯蒂安·舍恩拜忘記了身後桌子上放著的藥品，一揮胳膊把硫酸與硝酸給碰倒了，他急忙拿起布圍裙來擦拭桌上的混合液。事過之後，他將那圍裙掛到爐子邊上去烤乾。令克利

斯蒂安・舍恩拜納悶的是，這條布圍裙很快就燒起來，還發出了「碰」的爆裂聲！

原來，棉布的主要成分是纖維素，它與濃硫酸及濃硝酸的混合液會發生反應生成一種叫低度硝棉的物質。

後來人們利用低度硝棉製成了一種特殊材料——賽璐珞，人們就用它來製作乒乓球。

知識點睛

棉布的主要成分是纖維素，它與濃硫酸及濃硝酸的混合液接觸，發生化學反應生成纖維素硝酸酯，其中含氮量在13％以上的稱作「火棉」；含氮量在10％左右的叫做「低度硝棉」。

眼界大開

1868年，印刷工約分衛斯理與帕克斯一起做實驗。他們將低度硝棉溶解在有機溶劑乙醇中，加上樟腦糅合均勻，再經過乾燥，就得到一種特殊的材料——賽璐珞，意思是「從纖維素而來的塑膠」。

賽璐珞是第一個以天然原料加工的人造的塑膠，它受到了人們的普遍歡迎。它質輕，有良好的彈性、韌性和機

械強度，可製成透明與不透明的製品，又容易染成任何一種顏色。它的缺點是熱到80℃時便開始軟化變形，碰到火種會引起激烈的燃燒。

在歷史上，賽璐珞曾被用來製造攝影膠捲、電影膠片，為發展攝影及電影藝術做出過傑出貢獻。因為它容易燃燒，如今已「退休」，「讓位」給其他塑膠去做攝影膠捲。

由於賽璐珞具有優異的彈性，而且強度高、不易碎裂，因此人們用它來製作乒乓球。

直到今天，賽璐珞依然是製作乒乓球的最好材料，沒有第二種材料能夠勝過它。

賽璐珞受熱後容易加工，人們用它做眼鏡架。如果眼鏡架斷了，還可以自行修補：只需在斷裂口處滴1～2滴丙酮後將斷裂處壓緊，待丙酮蒸發後就修補好了。

13.製冷好幫手

夏季，我們經常用風扇、空調來抵擋酷暑，而電影院裡卻沒有空調、風扇，卻依然涼爽宜人，它用的是什麼呢？

原來電影院用冷氣機來製冷。這冷氣是一種化學物質，俗稱叫「氟利昂」，經過壓縮、液化、冷凍等處理後，從冷氣機裡吹出來，像汗水蒸發一樣，可以帶走大量的熱量，從而使周圍溫度大大降低。

在夏天，要是我們滿頭大汗，坐在電風扇前吹一吹，涼風能迅速地把我們身上的熱汗吹走，讓我們感到涼爽。這是因為汗水蒸發，帶走了熱量，人體才感到涼爽。電影院裡冷氣機用冷氣來製冷，也是這個道理。

▶ 知識點睛

氟利昂又稱「氟氯烷」或「氟氯烴」，是氟氯化甲烷和氟氯代乙烷的總稱。氟利昂包括20多種化合物，其

中最常用的是氟利昂-12，化學式是$CCl_{12}F_2$。氟利昂是一種性能優良的冷凍劑，在家用電冰箱和空調機中廣泛使用。美國化學家密得烈經過長期的研究，終於製成了$CCl_{12}F_2$，即氟利昂-12。它的性能優於二氧化硫和氨，其可由四氯化碳與無水氟化氫在催化劑存在下反應製得。

用氟利昂作冷凍劑，容易液化，如氟利昂-12，沸點－29℃，氟利昂-11，沸點－23.8℃；沒有氣味，沒有毒性；不腐蝕金屬，這一點也優於二氧化硫和氨；跟大多數有機物不同，氟利昂不能燃燒，因而避免了發生火災和爆炸的危險。

氟利昂有許多重要應用，除在冷凍裝置中作冷凍劑外，還常用作噴霧裝置中氣溶膠推進劑、電子器件清洗劑以及泡沫塑料的發泡劑等。

·····▶ 眼界大開

臭氧層存在於大氣平流層中，平流層中的氣體90％由臭氧O_3組成，它可以有效地吸收對生物有害的太陽紫外線。如果沒有臭氧層這把地球的「保護傘」，強烈的紫外線輻射不僅會使人死亡，而且會消滅地球上絕大多數物種。臭氧層是人類及地表生態系統的一道不可或缺的天然屏障，猶如給地球戴上一副無形的「太陽防護鏡」，而氟

利昂卻是臭氧層的「罪惡殺手」。

　　氟利昂在大氣中可以存在60～130年，雖然氟利昂釋放量相對較少，但一個氯原子可破壞十萬多個臭氧分子，從而導致平流層臭氧受到破壞，並逐漸減少。

　　臭氧層被破壞以後，將會產生巨大的社會危害：對人類免疫系統造成損害，使得免疫機制減退；導致白內障眼疾和皮膚癌發病率上升；破壞生態系統，減慢農作物的生長速度，減低農作物的品質和產量，甚至會造成絕收；減少海洋生物數量，大量魚類死亡，同時可能導致生物物種變異；造成全球氣候變暖與溫室效應。同時，它還會引起新的環境問題，過量的紫外線能使塑膠等高分子材料更加容易老化和分解，結果又帶來光化學大氣污染。

　　為保持臭氧層，使人類免受太陽紫外線的輻射及維護地球生態系統的平衡，聯合國制訂《保護臭氧層維也納公約》、《關於消耗臭氧層物質的蒙特利爾議定書》。發達國家已於1996年1月1日，全部停止氟利昂的生產和使用，1999年7月1日發展中國家開始進入履約期。

14.閃光燈成像

有一農民進城做生意，晚上出來閒逛，突然，幾百米外有一燈光一閃一閃的，「難不成遇上了鬼」這樣想著，他不但沒跑反而好奇地湊了過去。

「這哪裡是鬼，原來有人在拍照。」農民鬆了一口氣，但他還是很迷惑，閃光燈一閃就能拍出照片來，那麼閃光燈裡裝著什麼東西，是汽油還是酒精呢？

都不是，它裡面裝的是金屬——鎂或鋁。可是，鎂或鋁都是金屬，尤其鋁，我們最為熟悉，家裡鋁鍋、鋁盆，甚至鋁碗，多得是，為什麼不燃燒？其實，鋁或鎂只要研磨成極細的粉末，即鋁粉或鎂粉，就會變得極容易燃燒，能釋放出大量的熱，可以把鐵熔化。

在閃光燈裡裝上極細的鋁粉或鎂粉，使用時只要輕輕地按一下快門，在百分之幾秒內就能燃燒完畢，發出耀眼的光芒來，一瞬間完成膠片感光這一「使命」。

有了閃光燈，不論天多麼黑，光線多麼暗，都能拍攝出美好的照片。

知識點睛

鎂粉、鋁粉燃燒時，發出耀眼的白光，並釋放大量的熱量，化學反應方程式如下：

$$2Mg + O_2 = 2MgO$$
$$4AL + 3O_2 = 2AL_2O_3$$

眼界大開

1887年，美國發明家愛迪生成立了研究所，致力於電影的研究。可是，由於他始終無法解決電影膠片傳送需要「一動一停」的問題，研究工作夭折了。

1894年起，法國科學家路易‧盧米埃爾繼續研究。

1894的一個夜晚，盧米埃爾在設計電影膠片傳送的類比圖案時，突然想到：在縫紉機縫製衣服時，跟電影膠片所需要的傳送方式很像，都是一停一動地向前移動。於是，盧米埃爾異常興奮地重新修改電影膠片傳送的設計方案。經過多次試驗，盧米埃爾設計的電影膠片傳送方式果然可行。

1895年12月28日，在巴黎，許多社會名流應盧米埃爾的邀請，來到了普辛大街14號大咖啡館的地下室，觀看電影。觀眾在黑暗中，看到銀幕上的畫面十分逼真。當

螢幕上出現一輛馬車被飛跑著的馬拉著迎面跑來的時候，許多女士尖叫著站了起來，準備躲避馬車。

盧米埃爾完成了愛迪生尚未完成的電影發明的事業，在全世界成功研製出第一部電影。

電影的誕生，為人類顯示自身的活動、開展科學研究、豐富文化生活等產生了極為重要的影響。因此，人們把1895年12月28日定為電影誕生日，將盧米埃爾稱為「現代電影之父」。

15.女孩的「照妖鏡」

在夏天烈日當空之下，陽光非常刺眼，為了保護眼睛不受刺激，我們特別喜歡戴上太陽眼鏡，這樣可以把損害眼睛的紫外線過濾。這種眼鏡在室內和普通鏡子，沒什麼區別，在陽光或強光下會變黑，鏡子會變色，這是為什麼呢？

有一位鄉下老太太，第一次進城，覺得什麼都新鮮。這時，有一位打扮時髦的女孩從她身邊經過，老太太看見女孩戴的變色眼鏡，大吃一驚，指著女孩的眼鏡說：「照妖鏡。」女孩瞥了眼老太太一眼走開了。

原來，太陽鏡有一種特殊的功能，當四周光線太強，刺得人眼睛睜不開的時候，鏡片就自動變暗；當四周光線較弱，鏡片又能變成無色透明的。究其原因，只是因為這種特殊的鏡片在熔化了的玻璃中加入氯化銀和氯化銅而已。原理在於氯化銀在陽光的照射下進行了氧化還原反應：氯離子被氧化為氯原子，而銀離子則被還原為銀原子。這樣，銀原子便會把鏡片變黑，遮擋陽光。

····▶ 知識點睛

氧化：在化學反應中，化合物的含氧量增加或失去了電子的數量。

還原：在化學反應中，化合物的含氧量減少或增加了電子的數量。

還原劑：能提供電子，使元素或化合物的正價減少的物質。

····▶ 眼界大開

變色鏡可以隨光線的暗弱自動調整，當光線太強時，鏡片會變暗，光線變弱時，鏡片會變成無色透明的，這是因為在製造變色鏡的鏡片時，加入了一種特殊的感光劑——硫化銀。

它是一種化學物質，能夠以微小的晶體狀態均勻地分佈在鏡片中。一旦強光照射，這些顆粒狀的晶體對光線立即形成反射或散射，使鏡片變黑、變暗；光線變暗時，鏡片又能自行恢復成原有的透明狀態。

奇怪的文具體育用品

221-03

新北市汐止區大同路三段194號9樓之1

 FAX：（02）8647-3660
E-mail：yungjiuh@ms45.hinet.net

廣 告 回 信

基隆郵局登記證

基隆廣字第200132號

培育

文化事業有限公司

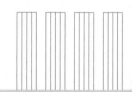

讀者專用回函

化學有意思：
火點不著的魔法衣

培養文化育智心靈的好選擇